두더지 잡기

노년의 정원사가 자연에서 배운 것들

두더지 잡기

노년의 정원사가
자연에서 배운 것들

How to Catch a Mole

And Find Yourself in Nature

마크 헤이머
황유원 옮김

내 모든 걸 빚지고 있는

케이트(페기)에게

숲을 돌아다니는 남자가 있어요,

산사나무에 송시頌詩를 걸어놓고 가시나무에 비가悲歌를

걸어두는 남자가.

《좋으실 대로》*, 3막 2장

나는 사랑하네 페기의 천사 같은 모습을

실로 천상의 아름다움 지닌 그녀의 얼굴을

인위의 손길 전혀 닿지 않은 그녀의 천부적 우아함을

하지만 내가 가장 열렬히 좋아하는 건 페기의 마음이라네.

로비 번스**

* 셰익스피어의 희극.

** 18세기 스코틀랜드 시인 로버트 번스.

일요일에 난 두더지를 잡으러 갈 거야

녀석들의 매끈하고 부드러운 몸뚱이를

가시나무에 걸쳐놓을 거야

농부들이 내 결과물을 볼 수 있고

반짝이는 까마귀들이 게걸스레 먹을 수 있게.

차례

일러두기

1. 본문의 각주는 (258쪽의 저자 주를 제외하고) 모두 옮긴이 주다.
2. 'molecatching'은 '두더지잡이'로, 'molecatcher'는 '두더지 사냥꾼'으로 옮겼다.
3. 표지와 본문에 사용된 모든 이미지는 원서에는 없으며 본 한국어판에 한해 수록한 19·20세기 빈티지 삽화이다.

프롤로그

나는 정원사다. 나는 오랜 시간 정원과 농장에서 두더지를 잡아왔고, 이제 더는 그 일을 하지 않기로 결심했다. 두더지잡이는 내게 풍족한 생활을 가져다준 전통적 기술이지만, 인제 나는 늙었고, 사냥을 하고 덫을 놓고 죽이는 일에 지쳤으며, 그것으로부터 배워야 할 것들은 모두 배웠다.

자신들의 생계를 지키기 위해, 두더지 사냥꾼들은 언제나 자신의 지식을 숨겨왔다. 나는 그 전통을 사라지게 하고 싶지 않다. 그래서 나는 이 책에서 두더지들의 행동양식과, 당신이 원한다면 그들을 잡는 방법에 관해, 그리고 두더지잡이 대신 할 수 있는 일에 대해 조금 이야기해

보려 한다. 이 전통을 둘러싸고 있는 것은 두더지 자체에 대한 이야기인 동시에, 두더지 사냥꾼으로서의 내 인생에 대한 이야기이다. 그 인생이 어땠는지, 그 일을 하게 되기까지 어떤 긴 여정이 있었는지, 그 일이 내게 어떤 영향을 끼쳤는지, 그리고 어쩌다 결국 그만두기로 결심했는지에 대한.

나는 이 일을 그만두는 것에 약간의 갈등을 느낀다. 나는 내게 주어진 삶을 나의 온 존재를 다해 사랑한다. 자연에 대한 열정을 부추기는 삶을. 자연의 실용적 아름다움과 난폭하고 잔인한 에너지에 대한 열정, 심지어 자연의 부패에 대한 열정까지도 북돋우는 삶을. 그 삶은 세계를 더 넓게 보는 시야와 세상 속에서 살아가는 방식에 영향을 준 성찰적인 삶이었다. 그 삶은 나와 나 자신 간의, 나와 내 개인사 간의, 나와 내 가족 간의 관계를 변화시켰다. 그러니 이것은 내 삶의 파편들에 관한 이야기이자, 나로 하여금 두더지 사냥꾼이 되도록 이끈 어떤 것들에 관한 이야기이다.

어떤 이야기든 말해질 때마다 매번 달라지는 듯하다. 이는 내 삶에 대한 이야기에 있어서도 마찬가지다. 나는 열여섯 살 때 집을 떠나 걷기 시작했다. 나는 18개월 정도를 걸었다. 동물들, 새들과 함께 야생의 삶을 살며 생울타리 아래에서, 숲속과 강둑에서 잠을 잤다. 나는 이 때의 일에 대해서도 가능한 한 정직하고자 노력할 테지만, 모든 사실이 선명한 것은 아니다. 기억나지 않는 일들이 많다. 가끔은 두더지와 나에 대한 두 이야기가 불가분의 관계로 서로 뒤얽혀 있는 듯 보이기도 한다. 그것들은 공명하고 서로를 반영한다. 하지만 이 흐릿한 두 이야기가 추는 춤은 내가 소박하고 아름답다고 느끼는 삶의 한 방식이 되었으며 내가 바라 마지않던 모든 것을 나에게 주었다.

나는 진실을 추적하고 그것과 함께 놀면서, 과연 진실이란 무엇인지 생각해 본다. 기억은 좀처럼 시간 순서대로 찾아오는 법이 없다. 기억은 어둠 속을 방황하고 있고, 떠올려보려 애를 쓰면 쓸수록 내 앞에서 더욱더 흩어지며 다른 길로 가버리는 것 같다. 내가 이야기를 한번 검토해 보려고 슬쩍 곁눈질을 보내자마자, 기억은 그러한 응시에 반응하여 자세를 바꾼다. 마치 만화경을 들여다볼 때처럼 모습을 재구성하고는 다시 변해버린다. 색깔은 똑같고, 패턴은 매번 조금씩 달라지며, 디테일은 끊임없이 변해간다. 하지만 그럼에도 전체 그림은 원래 모습 그대로 남아 있다.

내가 쉽게 떠올릴 수 있는 사실들은 죄다 가장 재미있는 순간들과 가장 재미없는 순간들뿐이다. 그리고 그중 일부는 그것이 내가 봤거나 기억하는 무언가에 감정적으로 영향을 주었거나 연관되었기에 기억되고 있을 뿐이다. 그것들은 한 줄로 엮인 진주 목걸이 같다. 서랍 안에 처박혀 좀처럼 밖으로 나올 일 없는 변색된 진주들. 그것들을 끄집어내 살펴보면 몇몇 진주들은 사라져 있고, 인생이란 대개 진주가 하나도 눈에 띄지 않는 줄처럼 보이는데, 그러다가 한 무리의 진주가 엉망으로 뒤엉킨 채 모습을 드러낸다. 거기에 확신할 수 있는 것이라고는 하나도 없지만, 그럼에도 나는 얽힌 가닥을 풀어보려 노력할 것이다.

나는 언어로 나 자신을 성가시게 하기보다는 그저 바라보며 즐기는 편이다. 그러다 어느 때에는 단어들이 벌레의 다리를 달고 조용히 기어 온다. 어떤 단어들은 둥지를 틀고 주제를 발전시킨다. 여기 잔가지 하나, 저기 싹 하나. 그러면 나는 그것들을 그냥 내버려 둔다. 작은 것들, 대단찮고 흩날리는, 공중에서 붙잡아 주지 않으면 사라져버릴 수도 있는 나뭇잎처럼 날려 다니는 아주 작은 파편들에 대해 쓰는 일이 나는 좋다. 눈으로 보고 머릿속에 통째로 간직할 수 있는 평범한 것의 파편들. 가령 개인적인 기억이라든가 혹은 두더지 언덕*에서 발견되는 도자기의 파편 같은 것들. 이것은 이러한 파편들에 대한 이야기이다. 두더지 잡는 법에 관한 단순하고도 종종 기이한 사실들이 때때로 흘러들어 와 주위를 맴도는. 때로는 날카롭고 때로는 부드러운, 대부분은 덫이 담긴 가방을 메고 들판을 가로지르며 돌아다니는 동안 쓰인 파편들에 대한 이야기.

두더지의 삶에 관한 모든 이야기를 말하는 것 또한 불가능하다. 두더지의 이야기는, 어둠 속에 숨겨진 채로 각기 다른 관점을 가진 사람들이 대물림한 미신과 한 줌의 관찰로부터 생겨난 것들이다. 두더지는 우리와 마찬가지로 몹시 신비로운 생명체이고, 우리는 그들의 진실을 얼핏 엿볼 수 있을 뿐이다.

내게는 세상일들의 실제 모습보다 그것들이 어떻게 보이는지가 훨씬 더 중요하다. 실제로 그 모습이 어떤지는 알 수 없다. 나는 딱딱하고 차가운 감옥과도 같은 사실을 좋아하지 않는다. 사실들은 당신을 자유롭게 해주지

* molehill. 두더지가 파놓은 흙무더기를 가리키는 말.

않는다. 사실들은 우리를 실재와 관련해 구성된, 더 이상 변화의 여지가 없는 어느 한 견해의 덫으로 몰아넣는다. 유일한 진실은 이곳, 그리고 이곳, 그리고 이곳에, 그것이 재구성되기 바로 전의 3초 안에 존재한다. 나는 정녕 잊고 싶다. 망각은 자유이고 용서지만, 그것은 무엇보다 자신을 현재 일어나고 있는 일에 몰두하게 하는 과정이다.

나는 이 이야기를 악당 혹은 영웅의 목소리로 말할 수 있고, 무고한 구경꾼이나 정부 공작원의 목소리로도 말할 수 있는데, 그럴 때마다 나는 '진실'의 한 형태를 이야기하게 될 것이다. 수없이 많은 형태를 지닌 진실에는 어떠한 가치가 있을까? 진실함과 솔직함 사이에는 차이가 있고, 그래서 나는 '진실'로 불려도 손색없을 수백만 개의 솔직한 이야기들 가운데 하나를 당신에게 들려주려고 한다. 12월의 어느 날, 한 손에 두더지를 들고 진흙투성이 들판에 무릎을 꿇은 채, 이제 죽이는 일은 그만둬야겠다고 결심한 순간으로 나를 이끈 이야기들 중 하나를.

두더지 잡는 법. 두더지 사냥꾼으로서의 삶. 두더지 잡이 철에 두더지잡이를 하는 대신 쓴 책. 내가 이 책과 관련해 확실하게 말해줄 수 있는 유일한 사실은, 이 책이 끝날 때쯤엔 당신이 두더지에 대해 훨씬 더 많은 걸 알게 되리라는 것뿐인 듯하다.

겨울 새벽

여기 부엌 식탁에 앉아 글을 쓰는 지금, 무당벌레 한 마리가 내 다리를 기어오르고 있다. 나는 수많은 야생의 생명들을 나도 모르게 일터에서 집으로 데리고 온다. 딱정벌레와 거미, 가끔 옷깃 아래에서 발견되는 메뚜기, 작업복 주름 안쪽에 들어가 있거나 부츠 속으로 떨어진 개미들.

무당벌레 한 마리가 내 무릎 위에서 날개를 펼치려 한다. 붉은 겉날개가 활짝 벌어지자 파리 날개처럼 생긴 검은 속날개가 모습을 드러낸다. 하지만 오른쪽 날개가 망가지고 구부러져 펼쳐지질 않는다. 녀석은 세 번, 네 번 시도하면서 천천히 날개를 접었다가 다시 펼쳐보려 애를 쓴다. 무당벌레는 떠나고 싶어 한다. 어쩌면 내가 녀석을 망가뜨렸는지도 모른다. 알 수 없다. 조용하고 연약한 존재를 부주의하게 망가뜨리고, 심지어 알아차리지도 못한 채 부러뜨리고 불구로 만드는 건 쉬운 일이다.

어제 나는 낙엽을 치우고 있었다. 내 뒤에서 깡충거리던 울새는 나로 인해 낙엽 밖으로 쓸려 나온 딱정벌레와 지렁이 들을 잡아먹었다. 나는 그 벌레들을 무방비 상태로 만들었고, 그들은 먹혔다. 울새가 먹었다. 존재들은 망가진다. 존재들은 상처 입는다. 상처는 치유되지만, 그 상처들은 때로 찌릿찌릿 쑤신다. 우리가 이 땅에서 내딛는 모든 작은 걸음 하나하나에는 결과가 뒤따른다. 매일 저녁 집으로 돌아온 나는 손톱 아래에 낀 탄생과 교미와 죽음과 부패라는 너절한 사건들을 벗겨내면서, 그것을 모조리 씻어내려 애쓴다.

생각하지 않는 게 상책이다.

나는 씨앗을 보살피고 잡초를 뽑느라 매일 손을 더럽힌다. 혼돈과 함께 놀면서. 혼돈을 좀 더 흥미진진한 것으로 만들기 위해 그것을 조금씩 조율하면서. 정원을 붉은 꽃 또는 흰 꽃으로 가꾸면서. 때로는 혼돈이 아름답게 여겨진다는 이유로 그 혼돈을 감싸 안으면서. 그리고 때로는 혼돈이 지저분해 보인다는 판단하에 그 상태를

파괴해 가면서. 두더지들과 그들이 일으키는 명백한 혼돈을 파괴하는 일은 해마다 예측 가능한 방식으로 찾아오는 주기적인 작업 중 하나다.

이 일에는 함께 뒤엉킨 채 쿵쾅거리며 진행되는 리드미컬한 주기가 있다. 매주 한 번씩 잔디 깎기, 매년 한 번씩 장미 가지치기하기, 1년에 세 번 등나무 손질하기, 매해 8월에 월계수 생울타리 잘라주기, 가을에 준비됐다는 신호를 보내오는 사과 따기, 서리가 내리길 기다렸다가 과실수 전지하기, 서리가 두 번 내린 후 달리아를 캐서 보관해 뒀다가 서리의 위험이 사라졌을 때 다시 심기. 퇴비 만들기. 화단 꾸밀 계획 세우기. 겨울 동안 식물을 고르고 씨앗 구입해 두기. 심기. 김매고 개간하기. 일년생 식물과 이년생 식물, 다년생 식물 관리하기. 그리고 겨울과 초봄에 덫으로 두더지 잡기.

한 해는 지점至點과 분점分點*에 따른 네 지점으로 나뉘어 특징 지어지고 기념되며, 이 지점들은 자연과 관련된 모든 사람들에게 한 해의 분기점이 된다. 그것들은 계절의 시작점이다. 리듬들, 긴 주기들과 짧은 주기들이 변화무쌍한 날씨, 햇빛과 온도의 지속 시간을 동력 삼아 서로

* 지점은 하지와 동지를, 분점은 춘분과 추분을 가리킨다.

뒤섞인다. 각 지점은 한 주기의 끝이며 다음 주기의 시작이다. 매년 가을마다 나는 똑같은 단풍나무 아래서 붉은 낙엽을 갈퀴로 긁어모으고 그것을 똑같은 퇴비 더미에 쌓아 올린다. 물론 그것들은 작년의 것과 정확히 똑같은 낙엽이나 똑같은 나무, 똑같은 퇴비 더미는 아니다. 내가 매번 같은 굴에서 잡는 두더지들은 작년에 잡은 것과 똑같은 두더지들이 아니다.

서로 겹치고 얽히는 이 주기들은 어느 때건 나를 내면의 어딘가로 이끌어 간다. 내가 할 수 있는 일이라고는 생각에 빠져드는 게 전부다. 나의 아내 페기는 일 때문에 멀리 떠나 있을 때가 잦고, 아이들은 다 자라 독립하여 각자 자기 집에서 산다. 다른 사람을 보는 일 없이, 때론 이틀이나 사흘, 나흘을 연달아 똑같이 하루하루를 보내는 나로서는 큰 목소리로 말을 할 일도 없다. 내 곁엔 고양이가 있을 뿐이다.

오늘 아침 나는 거미처럼 춥다. 아직 많이 어둡다. 어쩌면 나는 이토록 일찍 일어나기에는 너무 늙었는지도 모르지만, 잠은 더 이상 내 연인이 아니다. 나는 잠을 영영 잃어버렸다. 잠은 나 같은 늙은이를 거부한다. 이는 주변 환경의 화학 독성 물질이 뇌의 송과선을 석회화시켰기 때문이라고, 인터넷은 말한다. 원래 다 그런 거라고 말이다. 수은, 칼슘, 불소. 해독을 위해선 더 많은 화학 물질을 섭취해야 한다고도 말한다. 강황을 더 많이 먹으라는 처방과 함께.

내 불완전한 꿈들은 반쯤 깬 나의 삶 속으로 잠입한다. 나는 굴속에서 혼자 길을 잃은 채 쫓긴다. 나는 한 마리 개구리처럼 그곳에 차갑게 누워 있다. 막힌 콧구멍 때문에 힘들다. (나는 집 안의 무언가에 알레르기 반응을 보이고 있다.) 새벽이 되기 전, 태양이 떠오르기 전, 어둠이 잦아들며 암흑 속으로부터 파편들이, 붙잡을 수 없는 미세한 회색 입자들이 공중에 떠오르는 듯한 모습을 오래도록 지켜본다. 내 근육은 아프고 힘이 달린다. 어제 나는 하루 종일 일한 뒤 밤에 위스키를 마셨다. 이불을 걷어내야겠다고 한참을 생각한다. 내 몸을 온기 속에 잠시, 정말 아주 잠시 내버려 둔다. 느린 눈의 시야가 흑백에서 컬러로 변해 간다. 그런 변화가 일어나는 게 실제로 눈에 보이는 듯하다. 햇빛이 들기 전까지 세상엔 아무런 색깔이 없다.

회색빛 허공에 분홍빛이 살짝 감돌고, 나는 커피를 생각하기 시작한다. 그 생각이 나를 침대에서 일으켜 세

운다. 커피가 주전자에서 쉭쉭거리는 사이, 나는 관심을 가져달라며 가냘프게 울어대는 고양이를 들어 올린다. 견디기 힘든 뉴스나 비위를 거스를 정도로 쾌활한 음악을 들려주지 않을 라디오 방송국을 찾으며 고양이와 함께 온기를 나눈다. 나는 여러 고양이들의 삶과 함께 살아왔다. 페기와 함께한 이후로 30년이 넘는 세월 동안 고양이 없이 지낸 적은 없다. 우리는 부부가 되면서 고양이를 들였다. 미미라는 이름의 지금 이 고양이는 뚱뚱하고 요염하다. 미미를 무릎 위에 올려놓고 쓰다듬으면 온몸을 비튼다.

커피를 거의 다 마셨고, 살짝 구역질이 난다. 어쩌면 나는 커피에도 알레르기가 있는지 모른다. 라디오 4 엑스트라Radio 4 Extra에서는 두려움이나 배고픔을 한 번도 느껴본 적 없는 어느 가족이 겪는 곤경에 관한 코미디 방송이 흘러나온다.

이젠 거의 제대로 된 빛이 들어온다. 어둠은 빛보다 오래간다. 춥다. 12월이다. 산들바람에 바싹 마른 낙엽들이 달그락거린다. 나는 불을 피우고 페기 그리고 고양이와 함께 집 안에 머물며 하루를 가만히 지켜볼 수도 있지만, 늘 그러듯 밖으로 이끌린다. 나는 집에 머무는 체질이 아니다. 내게는 해야 할 것들이 있다. 놓을 덫들과 확인할 덫들이.

새벽 4시

차갑고 어두운 방에서 잠을 깼어
숨을 쉬지 못하는 악몽을 꾼 탓에
여전히 숨을 쉬지 못하며

우리 사이의 거리로 인해
집 없이 도망치는 기분을 느끼며
내 머리는 하얀 베개 위로 떠밀려 와 있었지
모래가 가득 들어찬 소라 껍데기처럼
밀물과 썰물 같은 숨결이
소란스레 나를 드나드네
막힌 공간을 통과하면서

익사하면서

두 시간이 지나면 난방이 켜지겠지
네 시간이 지나면 해가 떠오르기 시작할 테고
다섯 시간이 지나면 페기가 깨어날 거야

나는 앙상한 겨울 숲 너머를 내다봐

빈 땅이 사라지고

집들이 들어서기 전까진

파묻힌 것들이 계속 파묻힌 상태로 남아 있을 그곳을

마치 익사하는 듯한 기분이 들고

딸깍하는 소리에 이어 쿵 하는 소리가 들리더니

난방이 켜졌어

두 시간의 어둠이 벌써 빠르게 지나갔지

나는 별들을 바라보고 있었네

차갑고 멀리 있지만 그럼에도 늘 거기 있는 별들을

내가 또 잠이 들었었나?

잘 모르겠군

별이 총총한 맑은 밤으로부터 원치 않는 새벽이

루크우드Rookwood를 가로질러 기어 오고

서리로 뒤덮인 보잘것없는 지붕 아래

앙상하게 헐벗은 숲에서

사람들이 깨어나

자동차를 닦고

떼까마귀들은 나뭇가지에 걸터앉아
따스한 태양을 기다리고
나는 숨을 쉬어보려 애를 쓰지

페기가 몸을 뒤척이며
내 어깨에 머리를 파묻어
묵직하고 따뜻한 머리
그러는 동안에도 사람들은 계속 자동차를 닦고 있고
까마귀들은 앙상한 잿빛 나무를 가득 메우고 있네

딱정벌레들이 부산하게 움직이고
까마귀들은 까악거리기 시작하고
근처의 강은
아직 얼지 않은 채 여전히 흐르고 있어
페기가 아침에 내쉬는 시큼한 숨결은
한결같고 깊어서
나를 담요와 베개에
안락하게 잡아매주네

그리고 흐름, 나는 흐름에 대해 생각하며

익사하지 않으려 애를 써

깜박거리며 빛이 들어오고
페기는 무거운 눈꺼풀을 들어 올려
서리 내린 풀 사이를 가르며 숲쥐를 쫓다가
집 안으로 들어온 나의 얼음같이 찬 고양이가
내 맨발에 차가운 털을 부비며
동그랗게 몸을 마네.

정원사의 일

두더지 사냥꾼들은 광고 전단을 제작하고 웹사이트를 만든다. 그들은 간이 활주로에 있는 두더지들이 비행기 착륙에 심각한 문제를 일으킬 수 있다고, 두더지가 파는 굴이 달리는 말의 무게에 함몰되면 기수가 낙마할 수도 있다고 말한다. 작은 방목장의 말들은 붕괴되는 두더지 굴에 발을 헛디뎌 다리가 부러질 수 있고, 그러면 총으로 쏘아 죽여야 한다. 몇 안 되는 두더지들은 방대한 경작지를 활동 범위로 삼으며 금세 잡초로 뒤덮이는 두더지 언덕을 만들어놓는데, 그러면 농작물과 수확물이 줄어들고 땅은 목초지로 사용할 수 없게 되며 농부들은 재정적 손실을 입는다. 두더지는 더 많은 두더지를 낳고, 녀석들은 다시 옆집의 들판으로 옮겨 가 더욱더 많은 농작물과 목초지를 망쳐놓는다.

과거에는 두더지 언덕이 곡물을 수확하는 농기계의 날을 망가뜨리곤 했다. 곡물과 뒤섞인 두더지 언덕의 흙은 날을 상하게 하고 못 쓰게 만든다. 또한 이 흙이 잘못해서 사일리지*로 사용하는 동물 사료에 들어가면 소와 우유에 리스테리아균이 생겨날 수도 있고, 그러면 사람이 먹을 수 없게 된다. 이러한 이유로 농부들은 자신의 수익 중 일부를 두더지 사냥꾼을 고용하는 데 써왔다. 그것은 그들에게 수백 년 동안 경제적으로 이치에 맞는 일이었다. 하지만 시간이 지남에 따라 상황은 변했고, 오늘날의 농부들은 그런 문제를 대체로 방지하려면 농기계의 날을 들어 올리라는 말을 듣는다. 현대의 농기계는 그것이 가능하도록 만들어졌고, 그 효과도 아주 좋다.

대부분의 정원사들은 정원을 몇 주간 계속 물에 잠기게 하는 연이은 나쁜 날씨 같은 불만스러운 상황도 어느 정도 감내하며 일을 해낸다. 쥐 같은 동물은 어디서나 멸시당하며, 덫이나 독이나 총으로 죽임을 당한다. 숲쥐는 보통 즐거움의 대상이고, 고슴도치는 사랑받는다. 정

* 풀이나 작물을 말리지 않고 밀폐해 발효시킨 가축용 저장 사료.

원 창고에 도를 넘어설 만큼의 군락을 이룬 벌과 말벌의 집은 좌절감을 안겨줄 수 있다. 그러나 이러한 침략자들의 행동 중 그 어떠한 것도 두더지의 행위만큼 불쾌하게 받아들여지지는 않는 것 같다.

보아하니 정신이 온전한 사람은 두더지들이 만들어 놓은 혼돈 때문에 잠을 설칠 만큼 속을 썩이는 듯하다. 우리는 우리의 소유물에 대한 통제력을 잃고 싶어 하지 않는다. 그런 일은 우리를 불편하고 덧없고 나약한 기분에 빠지게 만든다. 두더지는 가정용 잔디밭을 망쳐놓을 수 있고, 나는 집주인들이 정원에 대한 통제력과 소유권을 잃게 되면서 자신의 마음속에 격렬한 증오심을 키워가는 걸 본 적이 있다. 부아가 치민 사람들이 정원을 가로지르며 욕설을 퍼붓는 것을 본 적이 있다. 집착이 자라나면서, 그들의 삶은 끝도 없고 이길 수도 없는 전쟁으로 뒤덮일 수 있다.

두더지는 아주 작다. 녀석들은 귀엽다. 자연의 다른 존재들과 마찬가지로 두더지는 우리의 감정에는 신경 쓰지 않는다. 두더지는 대단히 파괴적이고, 늘 승리한다. 어쩌면 우리가 느끼는 분노의 일부는 우리가 녀석들을 상냥하고 친절한 존재로,《버드나무에 부는 바람》*에 등장하는 두더지처럼 커다란 안경을 쓰고 온화한 성격에 책을 좋아하며 남을 기쁘게 해주려는 순수함과 열의를 지닌 하나의 인격적 존재로 생각하길 좋아하는 데서 생겨난 것인지도 모르겠다. 하지만 현실 속의 두더지는 우리가 바라는 것처럼 내성적이거나 겸손하지 않다. 녀석은 우리를 이용해 먹는다. 어쩌면 우리는 녀석이 우리보다 똑똑하다는 걸 알게 되었는지도 모른다. 혹은 우리는 우리가 소유하고 있으며 남에게 보여줄 수 있는 것들과 더 깊은 관계를 맺고 그것들에 긍지를 느끼는지도 모른다. 영원해 보이는 것들의 소유권은 영원함의 감각을 안겨준다. 우리는 우리가 소유한 것들 덕분에 스스로를 불멸의 존재로 느끼고, 두더지는 우리 앞에 나타나 그것들에 해를 입히고 그것들을 앗아 가면서 우리의 내면 깊숙한 곳에 자리한 무언가에 도전장을 내민다.

두더지가 파놓은 결과물은 녀석의 실제 크기를 훌쩍 뛰어넘는다. 내가 죽은 두더지를 고객에게 보여주면, 도시의 많은 정원사들은 녀석의 작은 몸집에 놀라곤 한다. 골칫덩어리 두더지는 상상 속에서 거대한 크기로 자라날 수 있다. 하지만 고객들은 대개 적의 사체를 보고 싶어

* 영국 작가 케네스 그레이엄의 동화.

하지 않는다. 그들은 단지 잔디밭, 밝게 빛나는 잔디밭을, 단지 말끔하고 평평하고 줄무늬가 있는, 영원히 통제되고 안전한 잔디밭만을 보고 싶어 할 뿐이다.

두더지는 누군가에겐 도저히 용납되지 않을 방식으로 정원의 인공적인 평온함을 방해한다. 정원 가꾸기는 자연적인 행위가 아니다. 그것은 자연과 과학의 법칙을 이용해 공간에 우리의 의지를 행사하는 일이고, 어떤 사람들에게는 이러한 통제 욕구가 극단으로 치닫는다. 언젠가 나는 깔끔한 가정용 정원을 소유한 고객을 만난 적이 있다. 그 사람은 화려한 목련 나무의 가지들이 불균형을 이루고 있는 모습을, 한쪽 가지가 다른 쪽보다 많은 상태를 그냥 지나치지 못했다. 살아 있는 것은 그 어떤 것도 완벽한 대칭을 이룰 수 없으며, 불완전함이야말로 아름다움이 생겨나는 터전이다. 하지만 이 남자는 가지의 수를 헤아리고는 나무의 균형을 맞추기 위해 몇 개를 잘라냈다. 그의 눈에는 보고 싶은 게 보이지 않고 오직 보기 싫은 것만 보일 뿐이었다. 내가 거기서 두더지 덫을 놓고 있을 때 그의 가련한 부인이 돌아와 그가 톱밥을 뒤집어쓴 채 새로 산 전기톱을 들고 있는 모습을, 그루터기에 지나지 않는 나무 옆에 서 있는 모습을 보았다. 그 그루터기는 오른쪽으로 조금 기울어 있었다.

내가 일하는 정원 중 한 곳에는 꽃으로 가득한 드넓은 초지가 있다. 나는 매년 이곳의 풀을 낫으로 벤다. 낫을 사용하면 조용하고 또 자연을 오염시키지 않기 때문이기도 하지만, 주된 이유는 야생의 생물들에게 도망칠 기회를 주기 위해서다. 예초기와 스트리머*는 야생을 황폐화한다. 그것들은 자신이 가는 곳에 있는 모든 것을 학살한다. 개구리와 두꺼비, 고슴도치는 난도질당한다. 그들의 몸은 곤죽이 되어버린다. 나는 그렇게 해본 적이 있고, 피를 뒤집어써 본 적도 있다. 이런 불필요한 학살에 몹시 마음이 상한 나는, 초지를 벨 대안적 방법을 찾아봤고 그리하여 또 다른 기계에 수천 파운드를 투자하거나, 아니면 낫을 사용하고 관리하는 법을 배우면 된다는 걸 알게 되었다. 나는 낫을 택했다.

목초지에 있는 두더지 언덕의 돌무더기들은 욕실 캐비닛의 면도날처럼 매 계절 날카롭게 시작하는 내 낫의 이를 나가게 하지만, 나는 그것들을 참고 견딘다. 나는 낫질을 몇 번 할 때마다 멈추고는 탄소강으로 만들어진 날을 부드러운 숫돌로 다시 갈아준다. 한 계절이 끝나면

* 큰 기계를 쓰기 어려운 부분(잔디밭 가장자리나 나무 주변)의 잔디를 깎는 데 사용하는 소형 기계.

나는 사각머리 망치와 모루를 사용해 이가 나간 날을 두드려서 새로운 날을, 면도날처럼 빛나며 두꺼운 단일한 날을 만든다.

낫질은 육체적으로 힘든 일이다. 특히 나처럼 늙어가는 이에게는 여러 번의 휴식이 필요하며, 따라서 잠시 멈춰 숫돌로 날을 가는 건 즐거운 일이다. 숫돌이 강철을 때리면 매력적인 울림소리가 나고, 그런 다음 숫돌을 날 아래에서 뾰족한 끝까지, 날을 앞뒤로 돌려주며 한쪽에 대략 세 번씩 미끄러뜨리면 **쉬이-** 하는 소리가 들려온다. 그러고서 나는 벨트에 매달린 물 든 깡통에 숫돌을 퐁당 떨어뜨리고 계속 낫질을 하거나, 아니면 숨을 고르며 잠시 새들을 쳐다본다. 낫질 또한 기분 좋은 소리를 내는데, 매번 낫을 휘두를 때마다 길게 **쉬이익-** 소리가 난다. 낫질은 리듬이 좋다. 허리를 돌리며 힘 뺀 팔을 쭉 뻗어 오른쪽에서 왼쪽으로 베면서 한 걸음씩 성큼성큼 천천히 걸어가면, 목초지에 2.5미터 너비의 기다란 띠 모양이 만들어지고 내 왼편으론 줄기에서 베어진 1미터 길이의 풀잎들이 한 줄로 깔끔하게 늘어서게 된다. **쉬이익**, 한 걸음, **쉬이익**, 한 걸음, **쉬이익**. 애써 노력하지 않아도 그것은 결국 내 숨결과 조화를 이룬다. 팔을 뒤로 뺀 채 한 걸음 내디디며 **들이쉬고**, 팔을 휘둘러 낫질을 하며 **내쉰다**.

길고 느리게. 예전에는 여름철 목초지의 풀을 베는 데 꼬박 이틀이 걸리곤 했다. 이제 나는 늙어서 사흘 이상이 걸린다. 어쩌면 내년에는 이 일을 아예 할 수 없게 될는지도 모른다.

나는 종종 내 앞에서 작은 생명체들이 그들 앞의 긴 풀 속으로 도망치기 위해 달리고, 이리저리 움직이고, 깡충깡충 뛰는 모습을 본다. 비명을 지르며 연기를 내는 잔인한 2행정 모터가 없기에, 나는 고슴도치들이 바스락거리는 소리를 들을 수 있고 녀석들을 옆으로 부드럽게 치워줄 수 있다. 내 앞의 두꺼비들과 개구리들이 깡충거리며 기어 다니고, 나는 속도를 늦춘다. 대여섯 마리의 들쥐들이 잽싸게 달려가며 자신들의 굴속으로 뛰어들기도 한다.

이것은 인간이 하는 일이고, 도구는 단순하고 거무스름하며 솔직하다. 나는 이 도구들과 함께 나이를 먹었다. 이것들은 나무와 강철, 돌로 만들어진 수공품이고, 나와 함께 나이를 먹으면서 내 손에 꼭 맞게 되었다. 나는 도구들과 이런 관계를 가진다. 나는 내가 만지는 세상 모든 것들이 나를 똑같이 만져준다고 느낀다.

낫을 들고 수확하는 사람은 전통적으로 목초지 중앙에 곡물 다발을 세워서 남겨두는데, 이는 곡물의 정령

'존 발리콘John Barleycorn'이 숨을 공간을 마련해 주기 위해서이다. 그러고서 그것은 한 더미로 묶여 칼이나 낫으로 잘린 다음 실내로 들여보내진다. 이 전통을 이어나가는 나는, 마른 야생화 한 다발을 집으로 들고 온다.

이곳의 초지는 작은 호수 옆에 있는 반쯤 야생의 공간이고, 우리는 거기에 두더지들이 살아서 기쁘다. 두더지는 여우, 들쥐, 숲쥐, 고슴도치, 그리고 잠자리, 풀잠자리, 꽃등에, 올빼미, 박쥐, 매 등의 날개 달린 것들을 포함하는 생태계의 일부다. 두더지의 개체 수는 매와 올빼미, 여우에 의해 자연히 조절된다. 여기 있는 모든 것들은 먹이 사슬의 일부를 이룬다.

낫으로 초지의 풀을 베는 일은 1년에 두 번 행해진다. 풀이 자라나는 봄의 중반쯤, 나는 성장이 더딘 야생화들이 생장할 수 있도록 새로 난 풀을 잘라준다. 그런 뒤 늦여름이 되었을 때, 꽃들이 이미 피고 져서 씨앗을 뿌렸고 줄기는 말랐을 때, 나는 그것들을 베어내 줄지어 널어놓고는 마지막 씨앗들이 햇볕에 말라 모두 떨어질 때까지 그대로 내버려 둔다. 대부분의 토종 야생화는 메마른 땅에서 가장 잘 자라는데 만일 줄기를 남겨둔다면 그것이 썩어 토양을 비옥하게 만들 것이므로, 나는 날이 따뜻하고 건조할 때 그것을 1미터 너비의 거대한 건초용 목재 갈퀴로 긁어모아 퇴비 더미로 옮겨놓는다. 이것은 따로 날을 잡고 해야 할 일이다.

9월의 추분이 지나면, 낮이 점점 짧아지면서 전화가 울려대기 시작한다. 두더지 언덕이 자기 잔디밭의 완벽함을 망쳐놓은 걸 발견한 사람들은 그것을 없애고 싶어 한다. 두더지 언덕은 잔디밭을 어지럽힌다. '잔디밭lawn'은 초원이나 들판을 뜻하는 고대 웨일스어 '란Llan'에서 파생된 단어다. 내가 사는 마을인 웨일스의 란다프Llandaff는 '타프 강 옆의 들판'이라는 뜻이다. 이는 앵글족과 색슨족, 주트족이 오기 전부터 이 섬에서 사용되던 언어다.

내가 처음으로 두더지를 잡은 곳은 정원사로 일하며 관리하던 남웨일스의 광대하고 구릉진 시골 정원이었지만, 이후에는 다른 정원들에서도 두더지를 잡기 시작했다. 그러지 않았다면 전혀 수입이 없었을 겨울에, 돈을 벌 수 있었기 때문이다.

정원사 초창기 시절의 나는 우연히 마주쳤던 몇몇 두더지 사냥꾼에게서 섬세함이라고는 거의 찾아볼 수 없다며, 두더지들이 고통받고 있다며 염려했었나. 인제 와서 되돌아보면, 당연하게도, 그들이 어떤 심정이었을지 확신할 수가 없다. 나는 그들이 잔인한 인간이라고 판단

했었지만, 이제는 나도 그들과 더 이상 다를 게 없다. 망치는 손의 형태를 결정짓고, 나는 내가 선택한 삶을 거푸집 삼아 만들어진다.

나는 두더지들이 누군가에 의해 제압될 것임을 알고 있었다. 나는 두더지를 죽이는 것 말고 다른 방법은 없을지 궁금했다. 누군가는 그 일을 해야 할 필요가 있다는 걸 알았고, 그 누군가가 바로 내가 될 수도 있을지 궁금했다. 그리하여 나는 두더지를 가장 효율적이고 인도적인 방식으로 처리할 수 있는 방법을 연구하고 공부하기 시작했다. 나는 새로운 기술을 익히는 게 좋다. 특히 천연 소재라든가 간단한 수공구手工具와 관계를 맺게 해주는 단순한 기술들을 좋아한다. 나는 책에서, 웹사이트에서, 두더지 사냥꾼들의 광고 전단에서 두더지의 생활 주기와 습성에 대해 읽었다. 두더지를 통제하는 가장 인도적이고 추천할 만한 방법이 녀석들을 덫에 가둬 죽이는 거라는 글을 읽고 또 읽었으며, 다른 모든 선택지를 찾아봤음에도 불구하고 결국에는 계속 똑같은 결론에 이르렀다. 두더지를 없애려면, 녀석들을 죽이는 수밖에 없다.

나는 어린 시절부터 두더지를 잡아온, 한 나이 든 농부를 만났다. 그는 내게 자신이 아는 이런저런 것들을 가르쳐주었다. 낡은 모자를 쓴 그는, 곧 무너질 것 같은 나무 막대 네 개짜리 울타리에 기댄 채 내게 살아 있는 두더지 잡는 법을 알려줬다. 두더지 언덕이 움직이는 동안 맨발로 살금살금 다가가다가, 두더지가 멈출 때는 같이 멈추고, 그러다가 마지막 순간에 녀석을 삽으로 덮친 다음 공중에 휙 던져버리라는 것이었다. 나는 이 방법을 단 한 번도 시도조차 해보지 못했다. 나는 움직임이 너무 느리다. 내가 두더지 언덕에 이를 때쯤엔 그 언덕을 만든 녀석은 대개 자기가 하던 일을 마치고 다른 곳으로 가버린 뒤다. 내 삶은 서두르며 보내기에는 너무 짧다.

그 농부는 두더지들이 울타리를 따라 항시 사용하는 굴을 만들기를 좋아한다고 하면서, 자신의 거대한 두 손 중 하나로 그런 굴 하나를 가리켰다. 그가 내게 말하길, 이 굴은 그가 소년이었을 때부터 거기 있었고, 두더지를 잡는 데 사용되는 전통적 기술이 수백 년에 걸쳐 여러 세대의 두더지 사냥꾼들 사이에 전수된 것과 마찬가지로 여러 세대의 두더지들이 하나둘씩 이곳에 거주해 왔다고 했다. 농부들은 흔히 고독한 자들이고, 잠시 동안은 상대와 거리를 두고 대화하는 경향이 있다. 전원 지대는 넓고, 그들은 서로 가까이 서 있는 것에 익숙하지 않지만, 한번 편하다고 느끼기 시작하면 수다를 떨기 좋아한다. 나는 평소 농부들과 사이좋게 지내는 편인데, 왜냐하면 그들이 자신이 얽매인 땅에 진정하고도 본능적인 애정을 품고 있다는 것을 알기 때문이다.

나는 앉아 있다가 다시 비탈길을 걸으면서 두더지 언덕을 보고는 그에 대해 생각했다. 두더지들의 삶과, 녀석들이 저 아래에서 무엇을 하고 있을지를 상상했다. 나는 그 안에 뭐가 있는지 보려고 두더지 언덕 안으로 손을 집어넣었다. 두더지 언덕이 지표면에서 어떤 종류의 패턴을 이루고 있는지, 그리고 그것이 땅속에서 일어나는 일과 어떤 연관이 있는지 알아내려고 애썼다. 나는 왜 두더지 언덕이 강둑 위에 있거나 나무를 둘러싸고 있는지, 왜 그것들은 절대로 운동장 가운데에 있지 않고 늘 가장자리에 있는지 알고 싶었다.

나는 될 수 있는 한 최고의, 그리고 가장 인도적인 두더지 사냥꾼이 되길 바랐다. 그래서 매우 다양한 종류의 덫을 구입해 보았다. 덫들의 구조를 연구했고, 그것들이 얼마나 빠르고 효율적인지에 관심을 기울였다. 그것들을 설치한 다음 나무 막대를 던져 성능을 시험해 보았다. 몇몇 덫은 고도로 전문적이어서 두더지를 재빨리 죽일 것이었고, 또 몇몇 단순하고 잔인한 덫은 그냥 두더지가 죽을 때까지, 아마 출혈이나 굶주림이나 추위로 죽을 때까지 녀석을 꽉 붙들고만 있을 것이었다. 나는 오소리나 여우 혹은 집에서 기르는 개나 고양이가 덫을 파헤친다면 무슨 일이 벌어질지 상상해 보려 했고, 그런 뒤 나 스스로가 어떤 종류의 덫을 사용하길 바라는지에 대한 결정을 내렸다. 그러고서 두더지를 잡기 시작했다. 나는 살생을 즐기지 않았으므로, 내 방법은 효율적이고 무심하고 빠르고 기술적이어야 했다. 나는 두더지를 비인격화하고자 노력해야 했는데, 왜냐하면, 만일 내 믿음대로 모든 생명체가 동등한 가치를 지니고 있으며 우리 모두가 같은 존재들이라면, 나는 나 자신을 죽이게 되는 셈이었기 때문이다. 나는 두더지들을 쳐다보지 않았다. 나는 나 자신을 녀석들의 죽음과 분리하는 일에 능숙해져 갔다.

배운 기술들을 사용하면서도 내가 접한 이야기나 믿음 들이 진실인지는 전혀 확신하지 못했다. 그럼에도 잡으려고 마음먹은 두더지는 모두 잡았고, 그걸로 충분했다. 나는 꽤나 능숙한 두더지 사냥꾼이 되었고, 그렇다는 소문이 퍼졌다. 이웃고 친구의 친구를 통해 내 전화번호를 알게 된 사람들로부터 전화가 걸려오기 시작했다. 그렇게 나는 겨울날 아침에 일어나, 스스로 두더지 문제를 해결하려 애쓰다가 잔디밭만 망치고 두더지들에게 도망치는 훈련만 시켜주느라 화가 난 집주인들을 만나러 다녔다.

나는 초원에서, 운동 경기장에서, 자그마한 도심 정원과 광대하고 구릉진 시골 사유지에서 두더지를 잡아왔다. 아무리 그 땅이 인간에 의해 사용되는 땅이라 할지라도 그곳은 두더지의 영토이고, 녀석들을 잡는 일에도 변함은 없다.

나는 돈 때문에 두더지를 잡는다. 정원 일이 없을 때는 계속 그 일로 분주하다. 하지만 이런 종류의 일에 누군가의 마음이 이끌리게 되는 데는 당연히 개인적인 이유 또한 존재한다. 파티에 자주 가는 편은 아니지만, 그곳에서 만난 사람들에게 내가 어떻게 돈을 버는지 말하면 그들은 웃음을 터뜨린다. 도시 사람들에게 두더지 사냥꾼이란, 당연하게도, 일종의 뮤직홀 농담과 같은 것이다. 굴뚝 청소부라든가 《한여름 밤의 꿈》*에 등장하는 희극적인 기술공처럼, 과거 시골의 다채로운 이야기에서나 튀어나올 법한 무언가인 것이다.

그들은 웃음이 멈추면 호기심을 보이며 많은 질문을 던지는데, 대부분은 살생에 관한 것이다. 내가 그 사람들에게 지난 50년간 채식주의자로 살아왔다고 말하면, 그들은 혼란스러운 표정을 보인다. 뭔가 앞뒤가 맞지 않는

* 셰익스피어의 희극.

다는 듯이. 인생은 좀처럼 우리의 기대만큼 단정하고 깔끔하지 않다. 나는 그런 편이 더 마음에 든다. 이성은 세상을 경험하는 여러 중요한 방식 중 하나에 불과하다.

젊은 시절, 사람들은 내가 채식주의자인 것을 조롱하며 나를 허약하고 나약하며 비위가 약한 놈으로 부르곤 했다. 내 남동생들은 저녁 식사 접시에 담긴 고기를 흔들어대며 "맛있느은, 고기다!" 하고 말하곤 했다. 나는 동생들을 사체 탐식가라고 불렀고, 나는 좀비가 아니며 시체의 고기 조각 따위는 먹지 않는 편을 택하겠노라 말했다. 나는 저녁 식사 자리에서 고기를 치우려다 뺨을 맞기도 했다. 우리 중 그 누구도 마음을 바꾸지 않았다. 우리는 모두 자기가 하고 싶은 대로 하고는, 그 뒤에 그것을 합리화한다.

나는 늙었고, 많은 일들을 해왔다. 미술 학교에 가서 그림과 조각을 배웠지만, 그쪽 분야는 포기했다. 실력이 부족했기 때문이다. 내 손은 너무 크고 서투르다. 내 손은 군인의 라이플총, 곡괭이, 혹은 삽을 다루도록 만들어졌지, 펜이나 붓을 나루도록 만들어지진 않았다. 내 몸은 느릿느릿하며 섬세한 동작을 취할 수가 없다. 나는 균형 잡힌 몸짓을 취하지 못하고 실수를 저지르곤 한다. 내 손

글씨 또한 알아보기 힘든데, 그럼에도 내가 쓰던 스케치북은 늘 문장들로 가득했다. 허접하지만 열심히 그린 누드와 희망적인 꽃과 새 그림들 옆으로, 철제 연장을 단련하는 법에 대한 설명, 불이 무엇으로 이루어져 있는지를 베껴둔 메모, 어느 특정한 색조의 파란색을 만드는 방법과 내가 그 색을 좋아하는 이유에 대해 적은 글들이 함께 있었다. 거기에는 시와 하이쿠도 쓰여 있었지만, 나는 밖으로 나가서 도끼질을 하거나 언덕을 오를 때 가장 큰 행복을 느꼈다.

나는 고지서 요금을 내기 위해, 그리고 창의적인 삶을 유지하기 위해 정원사가 되었다. 나는 홈리스 시절에 식물들을 스쳐 지나가거나 밟고 걸어갔고, 그것들을 침대로 삼았으며, 그것들과 피부를 맞댄 채 잠을 잤다. 잠에서 깨어나면 뺨엔 푸른 즙액이 묻어 있었다. 나는 식물들의 냄새를 맡았다. 그것들을 뜯어서 입에 넣고 씹었다. 식물의 살결을 만지지 않고 고립된 채로, 그것들 하나하나가 뿜어내는 무한한 종류의 향기를 맡지 못한 채로 어떻게 내가 여생을 보낼 수 있을까? 나는 물감 대신 꽃으로 그림을 그리기 시작했다. 정원을 꾸미고 보살피기 시작했다. 비록 보수는 적을지라도 쓸 만한 정원사에게는 항상 일이 있고, 나는 배울 수 있는 모든 것을 배울 각오가 되어 있었다.

순진하게도, 처음에 혼자서 정원 일을 배우기 시작했을 땐 이 직업이 식물들을 길러내는 목가적이고 감각적인 일, 대체로 꽃, 잔디, 과일, 나무를 다루는 일일 거라고 생각했다. 나는 곧 유해 생물 또한 내 일의 일부임을 알게 되었다. 두더지, 민달팽이, 진딧물, 말벌, 쥐, 잡초, 그리고 살아가고 있는 많은 것들을 처리해야 했다. 어떤 사람들에게 정원 일이란 대체로 생명을 죽이는 일이다. 내게 이 문제는 언제나 갈등의 영역이었다. 내가 늘 좋아하던 곳들은 살생이 필요 없는 자연의 장소였다. 죽이는 일은 어렵게 다가왔다. 하지만 결론은 그들이 죽든지 내가 죽든지 둘 중 하나였다. 내게는 할 일이 있었고, 나는 그 일로 나와 내 가족을 먹여 살려야 했다. 그러나 곤충을 죽이는 것과 포유동물을 죽이는 것은 차원이 다른 문제다. 나는 그 일을 시작하기 전, 내 한계가 어디일지, 내가 어떤 인간인지 궁금해졌다. 내가 정말로 그 일을 할 수 있을까? 그리고 일을 끝내고 나선 어떤 기분이 들까?

나는 폭력과 함께 자랐지만 살생과 함께 자라진 않았다. 살생은, 물론 드물긴 하지만, 평화적이고 다정한 행위일 수 있다. 폭력은 그 어느 쪽도 못 된다. 시골은 살생과 폭력 둘 모두로 가득하다. 두더지를 잡기 전의 나는 그 어떤 것도 고의로 죽일 필요가 없었다. 방 안에 파리가 있으면 창문 밖으로 날아가도록 했다. 마침내 내가 뭔가를 죽여야 할 진짜 이유가 생겨난 때가 닥쳐왔고, 나는 그 일을 내가 할 수 있을지 확인할 필요가 있었다. 나는 두더지를 비폭력적으로 죽이는 데 집중하고자, 그 일을 가능한 한 인도적으로 처리하고자 애썼다.

아침 7시, 나는 크고 흰 머그잔에 그녀가 마실 차를 담아
왔고
막 잠이 깬 그녀는, 비스듬히 들어온 차가운 햇살이
널처럼 깔린 우리의 흰 침대에서 미소를 지었지
나는 포리지를 먹고는 두꺼운 울 양말과
부츠를 신고서 집을 떠났네
가장자리가 붉게 물든 아침 하늘 아래 밴을 몰고서
좁은 시골길을 지나 언덕을 향해

무적의 행성들이 자리를 옮기고
생명체들은 몸을 뒤척이는데, 주어진 역할에 이끌린 나는
마치 사슬에 묶이고 고리에 코가 꿰기라도 한 듯
작은 도시와 마을 들을 구불구불 휘감으며
사람들의 삶을 한데 묶는 'A' 도로* 위를 달려가

마른 구릿빛 고사리는
붉은 머릿결의 물결로 굽이치며
습기를 잔뜩 머금은 검푸른 잉크빛의 평평한 구름 아래

* 영국의 1급 국도.

납작하게 눌려 고개 숙인 검은 산들로 이어지고
모퉁이를 도는 쪽에는 사선으로 내리쬐는 햇살이
저 먼 아래쪽 들쭉날쭉한 강에 부딪히며 번쩍이네

그러곤 움푹 파인 데 고인, 가을의 말 없는 그림자
멀리 새벽의 구름 밑으로 유령처럼 나타난 나무들
마구 흔들려 이파리가 떨어진 상고머리의 생울타리들이
폭풍우가 몰아칠 듯한 아침의 태양 아래 분홍빛으로
　　빛나는 동안
나는 작은 밴을 몰아 말쑥한 생울타리들이 노래하는
　　사이를 지나
움푹 파인 데 고인 안개를 거쳐 언덕 위를 향하네
갑자기 두 눈엔 맑고 푸른 하늘이 들어차고
나는 더 이상 집에 있지 않네.

두더지들 1

두더지는 대단히 힘이 세다. 한쪽에 엄지가 두 개씩 달려 있는 녀석의 손은 머리만큼이나 넓적하다. 두더지의 목과 어깨에 붙은 두툼한 근육은 조약돌만큼이나 단단하다. 나는 삽으로 먹고사는 노동자인데, 두더지의 손은 그런 내 손보다 더 튼튼하다. 쌩쌩한 두더지라면 꽉 움켜쥔 내 손아귀를 손쉽게 벌려 도망칠 수도 있다. 두더지 몸의 나머지 부분은 연약하고 부드러우며 유연해서, 녀석은 자신의 몸통보다 넓지 않은 굴 안에서도 방향을 바꿀 수가 있다. 두더지의 코는 개의 코처럼 축축하고 분홍빛을 띤다. 내가 사냥하는 두더지인 탈파 유로피아Talpa europaea, 즉 유럽두더지는 길이가 내 손만 하고 무게는 대략 비어 있는 가죽 지갑 정도다. 녀석은 짙은 남색의 부드럽고 벨벳과 같은 털로 뒤덮여 있으며 뒤로든 앞으로든 옆으로든 빠르게 지나갈 수 있다. 그래서 굴 안에서도 얼마든지 후진이 가능하다.

두더지의 촉감은 당신이 상상할 수 있는 최상의 벨벳 천과도 같다. 녀석에게는 수염과 더불어 아주 작은 바늘만큼이나 뾰족한 이빨이 있는데, 그것들은 너무나 작아서 마치 며칠이 지난 뒤에도 부엌 바닥 위에서 반짝이고 있는 깨진 유리 조각들처럼 보인다. 만일 내가 녀석을 잡지 않는다면 그 이빨들은 이후 몇 년간 모래흙으로 가득 찬 지렁이들을 잡아먹느라 결국 닳아버릴 것이다. 귀는 외관상으론 보이지 않고, 털을 쓰다듬으며 유심히 살펴보면 지금 이 책에 찍힌 마침표보다도 작은, 반짝이는 검은 점 같은 두 눈이 어둠 속에서 모습을 드러낸다. 녀석은 매끈한 벨벳 소시지다. 두더지의 검은 발과 다리는 쥐의 그것처럼 아주 작고 가늘고 연약하며, 녀석에게는 일으켜 세워 굴 안의 천장을 감지할 수 있는 2~3센티 길이의 꺼칠꺼칠한 꼬리가 달려 있다.

두더지의 꼬리를 장식 술로 단 지갑을 들고 다니면 그 지갑은 늘 꽉 차 있을 거라는 말이 있다. 두더지와 마술적 의식은 서로 잘 어울려 보인다. 말린 두더지 양손을 들고 다니면 류머티즘을 예방하고 악으로부터 자신을 지킬 수 있다는 설은 두더지 사냥꾼들 사이에 잘 알려진 이야기다. 이러한 미신은 유럽 전역에 걸쳐 발견된다. 마녀는 두더지를 자신의 심부름 마귀로 애용하는데, 그것은 아마도 두더지가 어둡고 비밀스럽기 때문일 것이다. 두더지의 피와 내장, 특히 아직 뛰고 있는 신선한 심장을 삼키면 예지력을 갖게 된다고 하고(대大 플리니우스의 저서《박물지》에 따르면 그러하다), 두더지가 죽을 때까지 양손으로 쥐고 있으면 치유력을 얻게 된다는 말도 있다. 또 두더지의 다양한 신체 부위는 간질을 치료하고, 치통과 학질을 예방하며, 발작을 제어하고, 쥐젖을 제거하는 능력을 지니고 있다고도 한다. 과거의 두더지 사냥꾼들은 이 같은 '자연 치료제'를 취급하면서 꽤나 짭짤한 부수입을 올릴 수 있었고, 때로는 두더지들이 나타나면 나타났다가 사라지면 함께 사라지면서 녀석들의 비밀스러운 지식을 앗아 가는 '교활한 자들'*, 떠돌이 남자 마녀로 여겨지기도 했다.

유럽에는 흰두더지와 황금두더지도 있지만 그들은 희귀하다. 그런 두더지를 잡으면 그날 안에 죽는다는 말

* cunning men. 고어로 '마법사', '점쟁이' 등을 뜻한다.

이 있을 정도다. 나는 그 두더지들은 한 번도 잡아본 적이 없다. 두더지 협회들 중 한 곳은 흰두더지와 함께 찍은 사진을 보내면 특별한 배지를 준다. 내가 가진 배지는 보통의 도금 배지다.

유럽에는 단일 품종의 두더지만이 서식한다. 아일랜드에는 뱀이 없는 것과 마찬가지로 두더지도 없다. 지난 빙하기 동안 유럽의 대부분은 얼음으로 뒤덮여 있었지만, 약 7천 년 전 얼음이 녹기 시작하면서 동물들은 해빙을 따라 북쪽으로 이동했다. 많은 동물이 해수면 상승 전까지 아일랜드에 이르지 못했고, 아일랜드는 섬이 되었다.

전 세계에는 수많은 품종의 두더지가 있으며, 그 대부분은 유럽두더지와 구별이 가능하긴 해도 무척 비슷하게 생겼다. 북미 대륙에는 일곱 종의 두더지가 있다. 털꼬리두더지hairy-tailed mole, 동부두더지eastern mole, 넓은발두더지broad-footed mole, 타운센드두더지Townsend's mole, 해안두더지coast mole, 아메리카땃쥐두더지American shrew mole, 그리고 별코두더지star-nosed mole.

동부두더지는 미국에서 가장 흔한 두더지로, 로키산맥 동부와 미시간 주부터 텍사스 주 남부에 걸쳐 서식한다. 털꼬리두더지는 그 이름이 말해주듯 다른 두더지들과 달리 털이 많고 어두운색의 꼬리를 지니고 있다.

땃쥐두더지는 미국에서 유일하게 커다란 굴 파기용 손을 갖고 있지 않은 두더지다. 녀석은 두더지 언덕을 만들지 않는다. 대신 땃쥐두더지는 주 서식지인 태평양 연안 북서부의 열대 우림에 있는 낙엽 속 지표면에 얕은 굴을 판다. 녀석은 발을 땅에 딱 붙일 수 있고 먹이를 찾아 나무와 관목에 오를 수 있는 유일한 두더지다. 땃쥐두더지는 종종 땃쥐로 오해를 받는데, 그것은 녀석이 길고 가느다란 꼬리를 포함해서 불과 10센티미터밖에 되지 않는, 두더지 중에서도 가장 작은 두더지이기 때문이다.

타운센드두더지는 북미에서 가장 큰 두더지로, 그 길이는 짧은 꼬리를 포함해 거의 25센티미터에 이르고 무게는 최대 502그램까지 기록된 바 있다. 별코두더지는 북미의 축축한 늪지대에 살며, 개울과 늪의 밑바닥에서 딱정벌레와 무척추동물을 먹잇감으로 찾아다닌다. 녀석의 몸은 유럽두더지보다 조금 크고, 거대한 손은 유럽두더지와 무척 비슷해 보이지만 꼬리는 더 길고 두껍다. 가장 명백한 차이는 별코두더지의 코끝에 있는 지름 1센티미터가량의 '별'인데, 녀석은 그것을 이용해 주변을 살피며 나아가고 먹이를 발견한다. 두더지의 코는 진동에 민감한 매우 독특한 기관을 가지고 있는데, 별코두더지의 경우 이 기관은 그 모습과 움직임이 말미잘과 꽤 유사한 스물두 개의 분홍빛 손가락 모양들로 발달했다. 녀석들은 인간의 눈이 따라갈 수 있는 것보다 더 빠른 속도로 먹이를 발견하고 붙잡고 먹을 수 있다. 별코두더지는 종종 물에 잠기고 마는 굴을 만든다.

러시아데스먼Russian desman은 물가에 사는 또 다른 두더지다. 녀석은 전혀 두더지처럼 보이지 않는다. 이 두더지는 물갈퀴 달린 발과 긴 꼬리를 지니고 있으며, 강둑의 굴에서 가족 단위로 살아간다. 녀석 또한 앞을 보지 못하고, 매우 두더지다운 예민한 주둥이를 가지고 있으며, 두더짓과 가운데 가장 무거운 두더지답게 무게는 최대 510그램에 이르고 그 길이는 몸길이만큼이나 긴 꼬리를 합쳐 40센티미터에 이른다. 모피 거래 때문에 데스먼이 대량으로 죽임을 당해옴에 따라, 녀석은 오늘날 러시아에서 보호종으로 지정되어 있다.

우오쓰리라고 불리는 일본의 아주 작은 섬, 직경이 3킬로미터 정도밖에 안 되는 그곳에는 센카쿠두더지로 알려진 거의 신화적인 두더지가 살고 있다. 이 두더지는 1979년에 과학자들이 이 섬을 방문했을 때 처음 발견되었다. 한 과학자가 풀 속에서 움직이고 있는 뭔가를 봤고, 그것을 슬리퍼로 내리쳐서 고국으로 가지고 갔다. 이 죽은 암컷 두더지는 기록에 남은 유일한 센카쿠두더지인

데, 이 섬을 둘러싼 중국과 일본 간의 소유권 분쟁으로 그 후 그 누구도 섬에 상륙하도록 허락되지 않고 있기 때문이다.

두더지처럼 보이지만 두더지가 아닌 것들도 있고, 두더지처럼 보이지 않지만 두더지인 것들도 있다. 자연은 스스로를 반복하고, 어떤 틈이라도 보이면 자신이 가진 것을 사용해 채우려 든다. 뉴질랜드는 박쥐 그리고 알락돌고래 같은 해양 포유류 외에는 자생 포유동물이 없는 것으로 유명한데, 오스트레일리아에는 실제로 두더지는 아니지만 꼭 두더지처럼 생겼고 두더지같이 행동하는 주머니두더지marsupial mole가 있다. 녀석은 거대한 손으로 사막 지역에서 땅굴을 파고, 색깔은 금빛이며, 새끼들을 위한 주머니를 가지고 있는데 특이하게도 이 주머니는 모래로 가득 차는 걸 방지하기 위해 뒤쪽을 향하고 있다. 두더지가 아닌 또 다른 두더지들도 있다. 땅강아지mole cricket와 모래파기게mole crab, 동아프리카에 서식하는 고통에 무감각한 벌거숭이두더지쥐naked mole-rat, 그리고 모든 개체가 암컷인 북미의 점박이도롱뇽mole-salamander 등이 그렇다.

우리의 풍경, 우리의 신화, 시, 문학의 구석구석에서도 두더지가 발견된다. 두더지는, 러시아데스먼을 제외하면, 혼자서 생활하는 동물이다. 이러한 사실에도 불구하고《버드나무에 부는 바람》에 등장하는 몹시 유쾌한 두더지는 세상에서 가장 사랑스러운 이 책 속에서 쥐, 두꺼비, 오소리와 친구가 된다. 아마도 우리는 우리가 먹지 않는 생명체들은 의인화할 수밖에 없는가 보다.

다른 이야기들에서도 두더지는 혼자 생활하는 것과는 거리가 먼 존재로 등장한다.《나니아 연대기》*의 릴리글러브스는 훌륭한 정원사이자, 말하는 두더지들로 이루어진 전사 집단의 리더 두더지이다. 옥스퍼드셔의 선돌standing stone을 숭배하는 두더지들의 고대 제국에 관한 낭만적 이야기인《덩튼 숲Duncton Wood》**은 전투와 엉뚱한 장난으로 가득하다. 어떤 아동 도서에서든 두더지와 그 친구들은 다양한 모험을 벌인다. 어쩌면 인간은 혼자 있는 것에 대한 이야기를 쓰기 힘들어하는지도 모른다.

1702년 2월, 오렌지공 윌리엄으로도 알려진 윌리엄 3세는 리치몬드에서 자신의 말인 소렐을 타다가 소렐이 두더지 언덕에 발을 헛디디는 바람에 땅에 떨어졌고, 이때 부러진 그의 쇄골은 치명적인 결과를 낳는다. 그는 폐

* 영국 작가 C. S. 루이스의 소설.

** 영국 작가 윌리엄 호우드의 소설.

렴으로 쓰러졌고, 이듬해에 죽었다. 그 일이 있기 14년 전, 프로테스탄트인 윌리엄 왕과 여왕 메리는 가톨릭 왕인 잉글랜드의 제임스 2세와 스코틀랜드의 제임스 4세를 폐위시켰었다. 하지만 잉글랜드, 스코틀랜드, 아일랜드, 그리고 더 먼 바깥 지역의 많은 파벌들은 폐위된 제임스의 지지자들이었고, 그래서 그 낙마 사건은 자코바이트*로 하여금 "검은 벨벳 옷을 걸친 작은 신사분께"라며 두더지를 위한 건배를 외치게 했으며, 이 말은 오늘날에도 종종 들려온다. 런던의 세인트 제임스 스퀘어에는 멋진 동상이 하나 있다. 매끄러운 고전적 예복을 차려입은 윌리엄이 어느 모로 보나 의기양양한 왕답게 자랑스레 말을 타고 있고, 그의 말은 고개를 뒤로 높이 젖힌 채 매끄러운 말갈기를 휘날리고 있는데, 그 말의 왼쪽 뒷발굽 바로 옆에는 작은 두더지 언덕이 하나 솟아 있다.

* 제임스 2세와 그 자손의 지지자들.

새벽의 산비탈

골짜기 아래를 굽어보는데

오솔길이나 비공식 보행자 도로는 보이지 않아

나는 구불구불한 개울을 따라 이어진

들판의 가장자리를 걷네

오늘의 두꺼운 서리는

고양이의 발*을 붙들 수도 있고

가만히 말 없는 나무와 잿빛 양들은

잎사귀와 양털에서 물을 뚝뚝 떨어뜨리며

온기와 빛을 기다리네

얼음 같은 공기가 응결돼 내 콧수염에서 뚝뚝 떨어져

그것에선 눈과 썩어가는 낙엽 맛이 나고

차가운 공기는 이 오래된 삽의 양쪽 손잡이에 젤리처럼

굳었다가

내 손이 방출하는 열에 질펀하게 녹으며 부드러워지네

삽이 닳은 잿빛 T자형 손삽이는

* cat's paw. '잔잔한 바람'을 뜻한다.

내 손의 굳은살과 잘 어울려
그것 없이는 나는 무용지물이지

나의 몸은 일하고 있네
나의 정신은 게으름을 피우고 있네
인간의 형상이지만, 돼지처럼
나는 코를 킁킁거리지, 허리를 구부린 채
수정같이 맑은 풀 사이로
나는 부츠 자국을 남겨놓고 있네
그리고 나는 헤엄치고 싶네
홀로 호수에서
가만히 몸을 늘어뜨린 채
등은 구름으로 물들고
갈매기는 끼룩끼룩 울며
머리 위를 선회하겠지.

길 위의 신사

계절은 겨울이고, 추위는 지독하다. 따뜻한 집을 떠나고 싶지 않지만, 이는 어찌할 수 없는, 피할 수 없는, 도망칠 수 없는 일이다. 나는 일을 하러 가야만 한다. 마침내 루크우드에 (어둑하게) 빛이 들어온다. 내가 올해에 해야 할 일은 거의 끝이 났다. 춥고 싸늘한, 전형적인 두더지잡이의 날이다.

시골 지역에 나가서 걷거나 사냥을 할 때, 나는 홀로 있게 되고 인간으로서의 본성을 잊게 된다. 다른 종류의 생명체가 된다. 더 유동적이고 자유롭고 융통성 있고 본능적인 무언가가. 이것은 내가 젊었을 때 자연 속에서 생활하는 동안 나의 내면에서 길러진 무엇이다. 생각이나 감정 없이, 사고 작용이나 또렷한 정신 작용 없이, 그저 본능만으로, 들판을 의식하면서, 하지만 들판 위의 나 자신과 들판을 분리해 의식하진 않으며 순간순간을 사는 일. 우리는 하나가 되는 것 같다. 나, 들판, 날씨, 흘러왔다 흘러가는 냄새들. 동물을 추적하는 일은 이 정도 수준의 의식을 요하고, 이렇게 나 자신을 잃는 일은 내 존재의 중요한 부분을 차지한다. 알지 못하고 생각하지 못하는 것은 내게 있어 의식의 가장 바람직한 상태다. 내가 무슨 생각을 하든, 그것은 그러한 의식에 비친 영상 정도로밖에는 여겨지지 않는다. 직접적인 경험에서 한 걸음 물러선 채 그 순간의 전율로부터 나를 격리시키는 일로밖에는.

녹슨 강철 스프링 걸쇠를 잡아당기자 삐걱거리는 소리가 난다. 그것은 차갑다. 가로장 다섯 개를 붙여 만든 울타리 문의 맨 위쪽 갈라진 녹색 나무 사이로 아주 작은 빙정氷晶들이 얼어붙어 있다. 울타리 문의 나이는 아마 반세기쯤 되었을 것이고, 짧아도 50년은 더 갈 것이다. 문은 스스로의 무게로 인해 저절로 열리고, 땅에 부딪치면서 덜커덕거린다. 나는 안으로 터벅터벅 걸어가서는 걸쇠가 부딪으며 울리는 쨍그랑하는 금속음과 함께 문을 닫는다. 들려오는 소리는 이게 전부다. 자세히 들여다보니 나무에 생긴 녹색 틈은 소나무 같은 이끼로 이루어진 숲,

사람이 들어가면 몇 년간 길을 잃을 수도 있을 숲으로 가득 채워진 어둡고 축축한 산골짜기다. 나는 보는 것이 좋다. 자연은 늘 천차만별의 규모로 스스로를 반복한다. 그것은 대문을 닫는 내 손에 녹색 얼룩을 남긴다.

울타리 문 옆에는 헐벗은 버드나무들과 함께, 달랑거리는 노란색 꽃차례* 사이로 휙휙 날아다니는 작고 꼬리가 긴 새들 몇 마리가 앉아 있다. 검은색과 베이지, 때론 분홍이나 녹색이 언뜻언뜻 비치는 새들이. 새들은 너무 빠르고 새벽의 나무 아래는 너무 어두워 녀석들을 제대로 보기가 어렵지만, 왠지 저들이 무슨 새인지 알 것도 같다. 다른 존재들의 이름에 대한 내 기억력은 이제 예전 같지 않다. 애써 기억하려 하는 건 나에게 중요한 일로 느껴지지 않는다. 답은 저절로 떠오르거나 떠오르지 않을 것이다. 단어들은 그것이 이름 붙이는 대상에 따라 다른 존재를 취한다. 그것들은 각기 다른 장소에서 살아가고 다른 삶을 살아간다.

이처럼 고요한 순간에는 완전함의 감각이 느껴진다. 그 순간을 온전하고 완벽하게 만들기 위해 필요한 건 아

* 가지나 줄기에 길게 매달린 꽃. 영어권에선 고양이의 꼬리를 닮았다고 해서 'catkins'라고 불린다.

무것도 없다. 나는 들판을 내려다보며 내 일을 시작한다. 나는 조용히 내면으로 들어간다. 그러면 침묵이 밖으로 쏟아져 나오며 완벽함에 난 어떤 금이나 흠을 채워주는 듯하다. 그저 존재한다는 이 느낌을 한번 경험하고 나면, 당신이 왜 존재하는지에 대해 더는 물을 필요가 없어진다.

삶은 지점과 분점에 따라 변화한다. 오래전의 또 다른 겨울, 내가 열여섯이 되던 해의 겨울, 어머니가 돌아가셨다. 그리고 이어지는 봄이 시작될 무렵, 아버지는 내가 '필요한 물품의 여분'*이라며 나더러 집을 떠나는 편이 좋겠다고 말했다. 나는 내가 필요하다거나 보살핌을 받는다는 느낌을 받지 못했었기에, 아버지의 말에 동의했다. 나는 배낭을 챙겨 이튿날 아침 일찍 집을 떠났다. 나는 그 일을 알리지 않았다. 메모를 남기지 않았다. 내가 가지고 있던 몇 권의 책은 선반에 그대로 남겨졌다. 가족사진, 옷, 그리고 어린 시절의 물건들은 여전히 서랍 안에 있었다. 누구도 깨우지 않으려고, 누구와도 얘기할 일을 만들

* surplus to requirements. '더 이상 필요하지 않다'는 뜻의 군사 용어.

지 않으려고, 나는 열쇠를 테이블 위에 두고는 조용히 문을 닫았다. 나는 겁쟁이다. 나는 내가 쌓아왔던 모든 것을 남겨두고 떠났다. 공허의 부름에 응했다.

나는 견습생이었고 집을 빌리기에는 버는 돈이 너무 적었으므로, 눈총을 받기 전까지 친구들의 부모님 집 소파에서 잠을 잤고 그 뒤로는 유기된 집들과 어느 버려진 창고에서 밤을 지냈다. 내가 일하던 위건 부두의 철재상 바로 앞, 리즈-리버풀 운하 위로 반쯤 잠긴 거룻배 갑판에 누워 별을 올려다보면서, 나는 내가 잘하는 일, 즉 걷는 일을 하겠다고 결심했다. 그리고 내가 즐거워하는 일, 즉 여기저기 돌아다니며 이것저것을 관찰하고 그것들을 이해하려 노력하는 일을 해보겠다고 마음먹었다. 아버지는 나의 이런 점을 질색했다. 나는 아버지가 내게 '비를 피해 집에 들어오지도* 못할 정도로 멍청하다'고 말하는 걸 듣고는 '하지만 비는 재미있는데'라고 생각했던 게 떠오른다. 나는 몽상적인 아이였다.

나는 일을 관두고서 예선로曳船路**를 걷기 시작했다. 대략 18개월 동안을 계속 걸었다. 나는 내가 가는 길 뒤

* 'come in out of the rain'은 '상식적으로 행동하다'라는 뜻이다.
** 배를 예인하여 이동시킬 목적으로 운하나 강을 따라 낸 길.

로 티끌도, 흔적도 남기지 않았으며, 다른 이들의 마음속에 기억되지 않으려 애썼다. 유령처럼 지나감으로써 내 존재는 금세 잊혔을 거라고, 나는 생각하고 싶다. 내가 얼마나 걸었는지는 모르겠는데, 만일 걸어가면서 그 거리를 잰다면 그것은 걷는 게 아니기 때문이다. 나는 마을을 벗어나 버려진 방앗간을 지나쳤고, 수문과 수문 관리인의 오두막을 지나 시골 지역으로 걸어 들어갔다. 그곳에서 나는 배낭을 깔고 앉아 사과를 먹고 사과 심을 느릿느릿 흘러가는 갈색 강물에 던지며 나날을 보내곤 했다. 길게 드리워진 노란 개암나무 꽃차례가 물에 비친 영상 위로 흔들리는 걸 바라보면서. 낮게 날다가 이따금씩 수면 아래로 몸을 떨어뜨리더니 이윽고 다시 솟아오르던 수많은 곤충들과 함께.

나는 열여섯 살의 봄, 여름, 가을을 걸으면서 보냈다. 계절은 대략 시속 3킬로미터의 속도로 남쪽에서 북쪽으로 이동한다. 만일 내가 계속 북쪽을 향해 걸었더라면 나의 계절은 영원히 봄이었을지도 모른다. 나는 이때를 내가 '새들과 동침하던' 시기로 여긴다. 나는 내가 군인처럼 살고 있다고 상상했나. 나는 다른 사람과의 접촉을 피하며 기나긴 길을 걸었다. 나는 보이지 않으려 애썼다. 홈리스들은 학대당하는 법이고, 그래서 나는 완벽한 은신술을 익히고는 땅 밑으로 숨어들었다. 두더지처럼, 빛을 피하며, 지렁이처럼. 지렁이는 햇빛에 한 시간 이상 노출되면 온몸이 마비된다는 사실을 알고 있는가?

운 좋게도 그해 봄은 따뜻했고, 내게는 일을 하며 모아둔 몇 파운드의 돈이 있었다. 몇 주 치의 주급, 후불로 받은 월급, 세금 환급금과 휴일 수당 등. 해야 할 일은 아무것도 없었다. 직업도 없고, 할 일도 없고, 집도 없고, 만날 사람도 없고, 책임질 일도 없었다. 그래서 나는 그저 걸으며 나무들이 천천히 여름을 맞이하는 모습을, 부드러운 잎눈들이 곤충으로부터 자신의 내용물을 보호하기 위해 끈적끈적해지는 모습을 자세히 살펴보았다. 운하는 종종 마을을 통과했고, 나는 마을의 가게에 들러 먹거리를 몇 가지 구입하고는 다시 길로 돌아가곤 했다. 예선로는 그런 나에게 이상적인 길이었는데, 당시에는 이미 모습을 감춘 지 오래인 거룻배 선원들을 위해 만들어진, 물이 나오는 수도꼭지를 이따금씩 사용할 수 있었기 때문이다. 깨끗하고 맑은 물은 찾기 힘들 수도 있다. 오후 시간, 개를 산책시키는 사람과 낚시꾼과 술 마시는 십 대들이 떠나고 나면 운하는 전부 내 차지였다. 나는 운하 예선로가 보일 때마다 그 길을 걸었다. 그곳에서는 잠잘 곳을 찾기가 쉬웠다. 그곳에는 차도, 소음도, 공해도 없었으니까.

당시에는 누구도 '홈리스'라는 말을 사용하지 않았다. 그런 사람들은 떠돌이 혹은 '길 위의 신사'로 불렸다. '홈리스'는 그 의미가 완전히 다르다. 예전에는 가끔 우리가 사는 마을을 방문하는 떠돌이를 만나곤 했었다. 한 떠돌이 남자는 전직 군인이었으며, 펍 바로 아래쪽 길에 있는 버스 정류장에 머물렀다. 몇몇 현지인은 그에게 맥주 한 파인트씩을 건네주곤 했고, 그는 자신이 잠을 자는 버스 정류소에서 그것을 마셨다. 그는 절대 실내로 들어가지 않았다. 그는 말을 거의 하지 않았지만, 여름에 불쑥 나타나 몇 주를 머무르고는 다음 여름이 올 때까지 다시 모습을 감췄다. 작은 시골 마을들에서 만난 다른 사람들은 내가 이에 관한 이야기를 꺼내면 이렇게 말하곤 했다. "우리 마을에도 해마다 찾아와서 몇 주간 머무르다가 사라지는 그런 남자가 꼭 있었지." 이것은 전국 어디에서나 있었던 일이다. 나이 든 두더지 사냥꾼들도 꼭 이렇게 살았다.

돌, 강철, 석탄과 물

가시금작화 덤불이 양들로 얼룩진 언덕 위에서 온통
　　반짝이네

바다에서 증류되고

붉은 사암 산에서 농축된

이 부드럽고 가벼운 비는

여전히 소금 맛이 나는 듯해

나는 축축한 고사리와 아무렇게나 자란 버섯들이 있는

부패해가는 숲속에 들어와 있어

어쩌면 나는 희고 통통한 5센티 길이의 유충들이

아래 땅속에서 먹이를 먹고 있는 낙엽 위에서

몸을 말고 잠을 자게 될지도 몰라

무신론자는 모든 게 연결돼 있음을 아네

그것이야말로 진정한 경이로움이지

나는 지쳤고, 배도 고픈데, 구름 사이로 나타난 해가

바스락거리는 낙엽 위의 물방울에 빛을 비추자

작은 새들이 노래를 시작해

나는 닳아 해진 이 한 해를 그루터기가 될 때까지 쪼았고
겨울을 대비해 지방을 비축했지
기러기들이 날아가는 걸 보았지
저들이 다시 왔다 갈 때에도 나는 여전히 이곳에 있으리
얼굴은 예전보다 덜 부드럽고
등은 예전보다 덜 곧겠지만.

흙과 집

이 들판을 내려다보면서, 나는 두더지 언덕들이 무리 지어 분포되어 있으며 때로는 어느 정도 일렬로 늘어서 있기도 하다는 걸 알아차린다. 대부분의 두더지 언덕은 그 분포도를 첫눈에 읽어낼 수 없는 젠 퍼즐*이나 오선五線이 그려지지 않은 악보처럼 여기저기 흩어진 모습이다.

나는 내게 가르침을 준 두더지 사냥꾼 중 한 명으로부터 수컷은 직선으로 나아가고 암컷은 이리저리 돌아다닌다는 말을 들었다. 성별은 고정된 것이 아니나, 그의 터무니없는 말은 그냥 그렇다 치고 넘어가도록 하자. 살아

* Zen puzzle. 퍼즐 브랜드.

있으며 기어 다니고 헤엄치고 날아다니는 것들은 내게 항상 '그' 혹은 '그녀'이다. 살아 있는 것을 고정된 성별 없이 지칭해주는 단어를 안다면 삶은 한결 수월해질 것이다. 나는 살아 있는 존재를 '그것'이라고 부르는 걸 좋아하지 않는다. 그렇게 부르는 순간 우리 사이엔 불편한 거리감이 생겨날 것이다. 나는 내가 분리되어 있다고, 혼자라고, 스스로가 존중심이 없다고 느낄 것이다. 한 무리의 오목눈이(나는 그들의 이름을 기억해냈다)가 뒤편에 있는 버드나무들 사이에서 몸을 휙휙 돌리며 재빠르게 선회해 날아가는 모습이 마치 한 마리의 물고기처럼 보인다. 그들은 집단 정체성을 지니고 있다. 무리는 '그것'으로 지칭된다. 집단은 늘 '그것'이다. 살아 있는 것들의 성격은 그들이 무리에 속해 있을 때 달라진다. 나는 무리들로부터 동떨어져 있다. 나는 무리를 신뢰하지 않는다.

영국과 북유럽 일부 지역에서 두더지는 몰디워프 Mouldiwarp 또는 몰디바프Moldivarp, 즉 '흙을 움직이는 자'로 알려져 있다. 두더지들은 지표면 바로 아래에서 미세한 부스러기까지 파헤친 어두운 흙을 밖으로 꺼내놓는다. 농부들과 정원사들이 그 질감과 영양분 때문에 사랑하는 축축하고 비옥한 종류의 흙을.

땅속에서의 삶 대부분은 가장 상층부의 몇 센티미터, 두더지와 지렁이와 애벌레와 딱정벌레와 그 밖의 다른 수백만 유기체들이 자기들의 일을 하는 곳에서 이루어진다. 이 아래의 하층토는 종종 밀도가 높고 영양분이 적은데, 이는 영양소가 침출된 데다 생명체들의 발걸음과 맨 위에 쌓인 유기물 층에 의해 압착되었기 때문이다. 나는 정원사 일을 하면서 더 이상 흙을 파내지 않는다. 그저 잡초를 뽑고, 자연이 낙엽과 풀로 그렇게 하듯 가을의 정원에 퇴비를 뿌린다. 이렇게 하면 수분이 유지되고 잡초가 억제된다. 그리고 지렁이들이 단단한 흙을 부수게 하고 미생물 활성도를 높임으로써, 생명이 그 범위를 확장하도록 하고 토양 속으로 공기와 물이 스며들게끔 한다. 두더지들은 우리를 위해 이 일을 해준다. 어떤 정원사들은 여전히 땅을 심하게 파헤치지만, 점점 더 많은 사람들이 미생물과 균류의 중요성을 깨달아가고 있고, 종종 땅파기를 파괴적인 행위로 여기며, 토양을 빽빽하게 만들지 않으려고 땅과 거리를 두는 쪽을 선호하고 있다.

군데군데 풀이 얼어 있는 목초지 위로, 지표면을 살짝 뚫고 나온 아주 작은 검은 혹 같은 두더지 언덕 몇 개가 보인다. 다른 두더지 언덕들은 그 높이가 내 부츠 혹은 그 이상까지 되는 갓 파헤쳐진 거대한 흙무더기들로,

대부분 윗부분이 얼음에 덮여 있다. 아마도 조금 전에 만들어졌을 새것도 두어 개 보이는데, 상당수는 오랜 시간 이곳에서 풍화되고 납작해지고 잡초가 무성해진 두더지 언덕들이다. 두더지들은 이 목초지를 몇 대에 걸쳐 공유하게 될 것이다. 나도 이곳에 와본 적이 있다. 두더지는 계속해서 돌아오고, 그건 나 또한 마찬가지다. 이곳은 두더지의 영역이고, 녀석들은 언제까지나 이곳에 있을 것이다. 두더지 사냥꾼들은 단지 개체 수를 조절할 수 있을 뿐이다. 자연의 생존 의지는 고작 덫으로 무장한 인간들에게는 너무도 맹렬하다. 한 종을 완전히 박멸하기 위해서는 화학 물질이 필요하다.

구릉지고 경사진 땅의 표면을 봐서는 그 얇은 피부 아래 무엇이 있는지 짐작하기 어렵지만, 나는 두더지 언덕 판독법을 익혀왔기에 땅 아래의 모습을 입체적으로 상상할 줄 안다. 그 일은 어느 정도 본능이 되었다. 물론 그럼에도 늘 더 배울 것들은 있다.

두더지 언덕의 크기만 봐서는 굴의 깊이에 대해 어떠한 정보도 알 수 없지만, 그 내용물과 색깔은 단서가 되

어준다. 깊은 곳에서 올라온 돌이나 점토 혹은 지표면 부근의 가벼운 경토耕土 등은 두더지 언덕이 만들어진 당시 땅속 구조를 말해주기 때문이다.

두더지는 두더지 언덕에 살지 않는다. 대부분의 두더지 언덕은 그저 녀석들의 쓰레기 더미이자 흙과 돌, 배설물 무더기일 뿐이며, 굴이 무너져 내리지 않는 한 두더지들은 그곳을 다시 찾지 않는다. 두더지 언덕 안에서는 종종 도자기 조각과 유리 조각이 발견된다. 영국 북부와 덴마크에서는 고고학자들이 두더지가 지하에서 가지고 올라오는 파편들을 찾기 위해 두더지 언덕을 체로 거른다. 그들은 그렇게 현장을 건드리지 않으면서도 이전 문명의 증거를 찾는데, 그 학자들은 그것을 '두더지학moleology'이라고 부른다. 나는 가끔 두더지 언덕에서 나일론 옷 조각과 결속 끈 혹은 녹슨 음료수 캔에서 떨어져 나온 알루미늄 따개를 발견한다. 자연에 속하지 않은, 인간이 만든 이것들이 썩어서 땅과 하나 되길 거부한다는 사실은 나를 우울하게 한다. 인간과 관련된 것들 가운데 유일하게 영구적인 것은 인간의 쓰레기뿐이다. 자연의 존재들은 썩는다. 모든 자연의 존재들이 거치는 날콤쌉쌀한 존재의 상태, 그들이 예전의 모습을 관두고 무언가 새로운 모습이 되기 시작하는 단계가 있다. 나는 내가 그 시점에 이른 것 같다.

가끔 나는, 두더지 언덕 안의 두더지가 땅속 흙을 밖으로 밀어내는 동안 두더지 언덕이 움직이는 걸 본다. 하지만 자세히 쳐다보면 언덕은 움직임이 없다. 두더지들은 내가 여기 있다는 것을 안다. 녀석들은 내가 삽과 덫으로 가득한 캔버스 가방을 든 채 길을 따라 거닐며 이곳으로 오는 소리를, 아마 내가 1킬로미터 정도 떨어져 있을 때부터 들었을 것이다. 이곳에는 까마귀 소리 말고는 그 어떤 소리도 들리지 않는다. 심지어 긴 꼬리를 가진 작은 새들조차 조용하다.

두더지는 친구나 가족이 없다. 녀석들은 남을 방문하지 않는다. 두더지들은 함께 있는 걸 질색한다. 녀석들에겐 집단 정체성이 없다. 한 무리의 두더지는 결코 존재하지 않는다. 두더지들은 '그것'으로 존재하지 않는다. 녀석들은 절대로 함께 있지 않기 때문에, 죽어 있지 않은 한 집합 명사는 사용되는 법이 없다. 두더지들이 죽고 나서야 당신은, 당신이 원한다면, 당신만의 명사를 선택할 수 있다. 더미, 무더기, 뭉치, 통, 포대, 늘어선 줄 등등.

두더지와 내가 살아가는 세상은 집단이 존재하지 않는 세상이다. 애써 넘어서지 않아도 되고 벗어나지 않아도 되는, 그 안에 속하지 않아도 되고 회피하지 않아도 되는 세상. 녀석들과 나의 세상에는 우리와 관련된 개별 존재들과 관계망이 별로 없다. 다른 존재들은 거의 부재하는 세상. 하지만 기계들이 이곳으로 들이닥치고 있고, 그건 집과 사람들도 마찬가지다. 우리는 도시와 교통수단들에 근접해 있다. 아직 여기 이 들판까지는 아니지만, 도시는 시골 지역으로 점점 더 가까이 기어 들어오고 있다. 나는 매일 운전을 하는 동안 노란색 기계들을 지나친다.

비록 두더지들은 서로를 피하겠지만, 나는 이 들판에 서로의 영역이 겹치는 두더지들이 몇 마리는 있을 거라는 걸 알 수 있다. 눈의 초점을 흐리게 하고 그 어떤 판단도 미룬 채, 나는 흩어져 있는 두더지 언덕들의 패턴과 그것들 사이의 거리를 알아내 보려 한다. 이는 얼마나 많은 두더지가 있을지 대강 파악하는 데 도움을 준다. 대략 40분간 가볍게 걸어 다닐 수 있는 규모의 이 작은 들판이 대략 열두 마리의 두더지를 부양할 수 있을 거라고 나는 추정한다. 가늘게 뜬 눈으로 토지를 바라보며, 아마도 열 개나 열두 개 정도의, 일부는 서로 겹칠 각기 다른 영역들을 헤아린다.

내 오른쪽에는 강이 있다. 강 쪽 들판의 흙은 돌투성이에 회색이며 점토가 많다. 수달 한 마리가 진흙 강둑에 발자국을 남겨놓았다. 상류로 몇 킬로미터 가면 나오는 광산들이 폐쇄된 이후로는 물총새, 가마우지, 왜가리, 백조 그리고 다양한 오리들이 돌아왔다. 여름이면 실직한 광부들과 그들의 아이들이 낚싯대를 들고서 그곳 강둑에 앉는다. 그 강에는 연어와 송어가 있다. 사람들은 황폐해져 왔고, 자연은 번성해 왔다. 어떤 사람들은 홈리스가 되었음에도 많은 이들을 남쪽으로 이끈 흐름에 저항하며 이곳에 남았다. 또 다른 이들은 판지로 막은 집, 죽은 집을 뒤로하고 일거리가 없는 강을 떠나 50킬로미터 떨어진 위쪽 지역으로 올라갔다. 작은 집들이 골짜기의 산비탈에 조용히 숨은 채로 늘어서 있는 그곳으로. 여름이면 근처 출신이거나 멀리서 온 홈리스들이 강둑의 덤불 속에 몸을 숨긴 채 하류 쪽에서 잠을 자는데, 그들 중 몇몇은 텐트를 치기도 한다. 겨울이면 그들은 바람을 피할 수 있는 마을로 들어간다. 몇몇은 주변에 머물고, 몇몇은 떠나가고, 몇몇은 죽는다.

이 강은 타프 강으로, 내가 걷거나 가끔 야숙하기 좋아하는 브레콘 비콘스의 고지에서 시작된다. 강물은 80킬로미터를 내려와 카디프의 가운데를 흐르다가 성과 럭비 경기장을 지나 카디프 만灣에 이른다. 내가 일을 하고 있는 이 땅덩어리는 수 세기 동안 목초지였으며, 깊고 검다.

나는 이곳에 있다. 다른 동물들처럼 한 마리의 동물로. 내게는 이유를 설명해야 할 행위 같은 건 없고, 그것을 설명할 대상도 없다. 나는 두더지를 잡기 위해 이곳에 있다. 이 고독한 작업을 하며 여기에 있다는 단순한 사실이 나를 장엄한 유대감, 내가 필요로 하는 걸 제공해주는 감정으로 더욱더 깊이 이끈다. 눈에 거의 보이지 않는 왜가리 한 마리가, 폭풍우 때 남겨진 뒤로 홍수가 일어나 바다로 떠내려가길 기다리고 있는 뒤엉킨 나무 몸통들 사이에서 작은 물고기를 기다리고 있다. 가마우지 한 마리가 물 위에 떠 흘러간다.

나는 이러한 장소들을 다시 찾는 습성이 있다. 나만의 영역을 갖는 일을 나는 항상 즐겨왔다. 돌아갈 일정한 장소가 있다고 생각하면 자유가 느껴진다. 그런 장소는 생각할 필요를 없애주고 사람을 쉬도록 해준다. 소속감은 내 아이들에게 주고 싶었던 것이지만, 나는 어느 특정 장소에 소속된다는 것에 불안감을 느끼기도 한다. 소속감에는 자신이 관련되어 있음을 표시하기 위해 무언가를 만들어내야 한다는 욕망이 뒤따르고, 그러고서 그런 것들, 예컨대 정원, 집, 경력, 보이지 않는 조직망 따위를 만들고 나면, 그것들을 침입자들로부터 보호해야 하며 필요하면 거친 방법도 써야만 한다. 우리는 영속성이라는 환상을 만들어보려 애쓰지만, 세상에 그런 것은 존재하지 않는다.

어린 시절, 나는 이곳저곳을 많이 떠돌아다녔다. 우리 가족은 늘 이리저리 옮겨 다녔고, 사람이나 장소와 맺는 관계는 늘 짧았다. 우정은 지속이 불가능했다. 초기의 좋았던 관계를 이어가지 못했고, 늘 강렬한 채로 끝났다. 나는 지금 있는 이곳으로부터 아주 먼 곳에서 태어났다. 나는 내 부모와, 조부모와, 자라면서 보아온 주변 사람들로부터 전해 받은 문화를 체득하고 있다. 그들은 자신의 부모로부터 전해져온 파편들을 내게 건네주었다. 이 땅의 다른 파편들과 먼 친척뻘 되는 것들을. 내가 절대로 알 수 없었던 아득한 윗대의 현조로부터 전해 내려온 습성, 취향, 버릇과 습관 들을. 단지 유령에 지나지 않는 사람들이 내 행동에서 제 모습을 드러낸다. 내가 가진 거라곤 이게 전부다. 사진도, 가보도 없다. 내게는 땅도 없다.

나는 이 섬나라의 많은 곳을 돌아다녔고 그곳에서 잠을 잤다. 나는 이곳이 전부 내 것이라고, 이곳 전부가 모두의 것이라고 느낀다. 나는 떠돌이 집안에서 태어났고, 내 조부모들은 스코틀랜드, 아일랜드, 맨 섬, 랭커셔 주 출신들이었다. 일자리를 찾으려고, 혹은 가난에서 탈출하려고, 아니면 그냥 사는 게 지루해서 여행을 떠났던 군인, 철도 산업 종사자, 그리고 공장 노동자 들이었다. 산업혁명 이전에 그들은 떠돌이 농장 일꾼이었을 것이고, 심지어 두더지 사냥꾼이었을 수도 있다. 오직 한 분의 할아버지만이 자신이 태어난 랭커셔에서 평생을 살았고, 그는 웨일스 성을 가지고 있었다. 어쩌면 나는 고향에 와 있는 건지도 모른다.

한때 나는 스스로를 집시라고 부르던 아일랜드인 가족과 알고 지낸 적이 있다. 그들은 도시에 있는 집에 살았고, 촌사람들의 옆집에 사느라 겪었던 어려움에 대해 종종 이야기하곤 했다. 내가 그들에게 '촌사람들'이 무슨 의미냐고 묻자, 자기들은 시골에 속한 사람을 그렇게 부른다고 했다.

집은 우리가 사랑하고 존중해야 하는 장소다. 집은 우리에게 충성심을 안겨준다. 집이 없이는 그런 충성심을, 그런 국민적 감정을 가지지 못한다. 이곳 남웨일스에서 나는 그 어느 곳에서보다 더 '집에 있다'고 느낀다. 나는 내가 결국 이르게 된 곳에서 집을 만들었다. 기분 좋게 느껴지는 곳, 내가 나의 아내와 둥지를 틀고 아이들을 낳은 곳. 나는 살 곳을 선택했고, 우리 모두는 정착했다. 그곳은 그렇게 친숙한 영역이 되고, 그리되면 길을 찾고 생존하기가 수월해진다.

북잉글랜드와 스코틀랜드에선 사람들이 당신에게 어디에 사느냐고, 혹은 어디서 왔느냐고 묻지 않는다. 그들은 "어디에 머무르나요?"라고 묻는다. 마치 어딘가에 산다는 것이 여행 도중 잠시 쉬어가는 것이라는 듯이, 마치 우리 모두가 여행자라는 듯이. 이곳 웨일스는 내가 머물기로 결심한 곳이다. 이곳은 내가 피곤할 때 기어 들어가는 침대의 푹 파인 곳이고, 내 아내와 아이들이 나를 찾으려 할 때 가장 먼저 찾아보는 곳이다. 하지만 실제로, 우리는 모두 여행자다.

나의 정체성은 내가 살았던 어느 장소에서 생겨난 게 아니라 내가 정원사가 되었을 때, 그리고 나의 집은 그곳이 어디가 됐든 그저 바깥, 전원 지역이라는 걸 깨달았을 때 생겨났다. 카펫이나 마룻장에서 발을 떼고 그 발을 땅바닥으로 옮길 때, 나는 내가 누구인지를 자각한다. 나는 땅에 속해 있으며, 흙을 사랑한다. 그것은 살아 있는 유기체이고, 나는 그것이 내 피부에 닿길 바란다. 걷는 것, 가능하면 맨발로, 맨손으로, 맨머리로 걷는 것은 내 기분을 좋게 해주고, 내 몸으로 대기와 땅을 잇는 기분을 들게 해준다. 그곳은 살아가고 자라나는 모든 것들이 최종적으로 이르게 되는 곳이다. 모든 것들의 먹이터이다.

내 인생의 성격은 돌과 나무와 흙탕물과 거기에 내리는 비의 성격이 되었다. 이것들은 나를 사로잡는다. 그것들이 마치 거기에 없는 것처럼 여기고 살아가는 일은 상상도 할 수 없다.

나는 내가 풀을 베고 관리를 하는, 그리하여 감동과 기쁨을 전하곤 하는 곳들에서 정원사로 일하지만, 내 마음은 그곳에 있지 않다. 나의 마음은 숲속과 초원, 낙엽 사이에 뿌리를 내린 양치류가 축축한 그늘에서 자라나는 야생의 장소들 속에 가 있다. 개울 위로 디기탈리스나 버드나무가 드리워진 곳들, 떨어진 이파리가 썩어 대지의 용광로처럼 유쾌하게 끓어오르는 어두운 샘과 연못 등의 장소들. 이런 곳들에서 나는 십 대 시절 방랑자로 지내며 몇 시간씩 앉아 있거나 잠자리를 정돈하곤 했다. 이런 곳에서야말로 나는 안심하게 된다.

아무도 따지 않은 사과를 먹고 있는
대여섯 마리 혹은 그 이상의 검은지빠귀들
녀석들은 아무것도 모르네
그들은 미래를 계획하지 않아
그럼에도 겨울을 준비하지

무릎을 꿇고 있는 내 옆으로 두꺼비가 기어간다
우리는 동등한 존재
나는 또 한 번 사랑에 빠지네
외톨이 이방인으로서

흐르는 물이 돌에 부딪치자
내 등줄기로 활기가 차오르고
나는 드러나네
나는 이곳을 벗어나 절대 돌아갈 수 없어

짙은 녹색 소나무들이 높이 솟아
얼음처럼 푸르고 맑은 하늘 아래 흔들리고
소나무 아래 그늘에는 서리와
은신처가 자리하고 있지

나는 밤을 보낼 작은 텐트를 떠올리고

잔가지를 태운 자욱한 연기 속에

아침에 마실 차를 끓이며

반짝이는 추위를 깨울 순간을 상상하네

나는 수사슴이야

나는 여우야

나는 잉어야

나는 떼까마귀야

나는 다리 둘 달린 맨몸의 짐승이야

양손에 진흙을 묻힌 채 몸에 양모를 두른.

땅으로 녹아든 밤

피곤하다. 날은 춥고, 이 순간 그냥 집에 있고 싶다. 나는 여전히 침대에 누워 있지만, 해야 할 일이 있기에 양모와 면으로 된 옷을 껴입고서 힘을 내보려 한다. 이 작은 들판은 전쟁터처럼 보인다. 한때 풀이 가득했던 지표면에는 이제 대부분 두더지 언덕과 진흙밖에는 보이질 않는다. 양궁 클럽이 소유하고 있는 이 들판은, 마치 폭격을 당한 것만 같은 모습이다. 웨일스에서 양궁은 오랜 전통을 지니고 있다. 웨일스의 궁수들은 잉글랜드와 프랑스의 전쟁터에서 매우 귀한 대접을 받았다.

이 들판은 마을의 변두리에서 전원 지역으로 이어지는 산비탈에 자리해 있다. 이곳에서 한쪽 방향으로 5분간 걸어가면 소규모 주택지가 나오고, 또 다른 방향으로는 다음 마을까지 이어지는 들판이 쭉 펼쳐져 있다. 이 마을이나 저 마을이 결국에는 그 들판을 차지할 거라는 생각이 든다. 그렇게 되면 두더지들은 들판 대신 누군가의 정원에서 불쑥 머리를 내밀게 될 것이다. 내 왼편의 철조망 울타리 너머로는 자갈 위에 깐 철로가 있다. 유류 화물열차 한 대가 굉음을 내며 지나간다. 기관사는 두 가지 음으로 된 경적을 울린다. 두더지들은 그러거나 말거나 신경 쓰지 않는다.

내 오른편의 강둑은 근방에 히말라야 발삼 나무가 잔뜩 자라나고 관목이 우거짐에 따라 무너져 내리면서 강 속으로 조금씩 사라져가고 있다. 강 건너편에는 더 많은 들판과 나무로 뒤덮인 언덕들이 저 멀리까지 펼쳐져 있다. 들판의 아래쪽은 숲을 이루도록 남겨진 상태로, 현재 그곳을 채우고 있는 것은 헐벗은 야생 낙엽수가 대부분이다. 물푸레나무, 개암나무, 버드나무, 몇 안 되는 호랑가시나무 등 스스로 파종된 나무들이다. 나는 이 나무들의 이름을 알고 있다. 예전부터 땔감으로 사용해온 것들이다.

내 뒤로는 농장의 울타리 문이 있다. 그 문은 작은 잡목림이 왼쪽으로 기울어 마구 자란 생울타리의 일부이기도 한데, 이제는 더 이상 생울타리가 아니다. 울타리 사이로 걸어 지나가기에 충분할 만큼 틈이 나 있기 때문이다. 나는 잠을 청하기 위해 그런 곳들을 찾곤 했었다. 그런 곳에는 낙엽이 있고, 바람을 피할 수 있는 공간이 있으며, 몸을 뻗을 수 있는 자리가 있다. 이 생울타리는 꽤 오래전에 심어진 것임을 알 수 있는데, 오래되고 굵은 줄기들은 수평으로 왼쪽을 가리키고 있고 그것들에서 자라난 가지들이 위로 뻗어 올라 나무가 되었기에 그렇다. 물푸레나무, 야생 자두나무, 그리고 산사나무 같은 것들이다. 줄기의 굵기로 미루어보아 이 생울타리는 어쩌면 50년 혹은 그보다 더 오래전에 마지막으로 심어졌을 거라고, 나는 추측한다.

들판으로 가는 길 아래쪽에는 누군가가 또 다른 생울타리를 심기 시작했다. 이제 이 지역에서 이런 모습을 보는 건 드문 일이 되었다. 지금 누군가가 이 기술을 배우고 있는 게 틀림없다. 나는 지난 수년에 걸쳐 이러한 기술들, 가령 돌담 쌓기라든가 생울타리 심기를 스스로 습득했지만, 그것은 많은 노동을 필요로 하는 일이며 더 이상 경제적으로 수지가 맞질 않는다. 이 기술들은 사라져가고 있고, 남아 있는 생울타리와 돌담이 계속 유지되는 것은 오직 우리의 농부들에게 열정이 있기에 가능한 일이다. 돌담은 두꺼비, 뱀, 도마뱀의 주요 서식지였고, 따라서 이제는 이들 또한 자취를 감추고 있다.

나는 내 체취를 숨기기 위해 두더지 언덕의 흙으로 손을 씻는다. 그러다 두더지 언덕에서 깨진 도자기 조각 하나를 끄집어내 뒤집어 보고는, 그것을 마음에 들어 하며 주머니 속에 집어넣는다. 이 한 줌의 흙은 모든 좋은 흙이 그러하듯 모래, 썩어가는 낙엽, 잔가지와 곤충의 일부와 연체동물 껍질 등의 혼합물이다. 이 흙의 한 줌 한 줌이 딱정벌레, 지렁이, 수억 마리의 미세한 벌레들, 선충류, 점균류, 그리고 썩어가는 식물을 먹거나 서로를 잡아먹는 박테리아와 곰팡이 등의 생명들로 우글거린다. 계속해서 작아지는 이 물질들은 느린 속도로 하나의 작은 유기체를 거쳐 간 뒤 더 작은 유기체로 들어가 그것을 거쳐 그것들의 장내 박테리아와 뒤섞인다. 뒤섞인 이것들은 죽은 식물과 동물을 분해하여 흙과 흙의 구성 물질인 무기질을 만들어내고, 그리하여 잔뿌리에서 살아가는 아주 작은 공생균은 공생 관계의 일환으로 그것들을 흡수해 식물의 뿌리로 전달할 수 있게 된다. 이러한 사실은 오늘날에 이르러서야 완전히 알려지게 되었다. 삼림 지역에 쌓여 있는 낙엽을 당신의 손두께 정도만 치워보라. 눈으로 보기도 전에, 균사체 냄새를 풍기는 버섯의 향을 맡게 될 것이다. 그것은 대지의 창자다. 하얀 균사로 이루어진 이 거대한 조직망은 무기질과, 썩어가는 유기체로서의 식물과, 동물을 모아들인다. 그것은 미세한 머리카락 같은 식물의 뿌리를 둘러싸고, 영양소를 전달하고, 식물들로 하여금 그것들이 필요로 하는 무기질과 화학 물질을 흡수하게 함으로써 자라나는 모든 것을 서로 이어준다. 이 유기체들과 그것들의 긴밀한 상호 연결은, 우리가 속한 살아 있는 지구의 소화 계통을 이룬다.

내 양손은 이 살아 있는 갈색 흙과 수억 마리의 미생물로 뒤덮여 있다. 내적으로든 외적으로든 나는, 살아가고 죽어가고 끊임없이 순환하며 그것의 부패해가는 부위들을 세탁기 안의 옷가지처럼 돌리고 뒤섞고 씻고 말리는 이 거대한 유기체의 일부를 이룬다. 이 유기체들이 계속 살아 있지 않다면 우리는 우리의 몸 안에서든 밖에서든 생존할 수가 없다.

얼마 전 나는 카메라가 내 창자 속을 여기저기 돌아다니며 찍는 장면을 보았다. 그 카메라는 내 몸속의 굴들을 돌아다니며 분홍빛의 촉촉한 창자를 스크린에 보여줬고, 거기에 있어서는 안 됐을 세포들을 사냥하면서 그것들을 고리 모양의 뜨거운 금속으로 제거했다. 나는 흙에 사는 박테리아와 내 창자에 사는 박테리아의 유사성에

깜짝 놀랐다. 균사체와 창자와 박테리아는 영양소를 분해해서 세포들이 흡수할 수 있도록 해준다. 나는 집으로 돌아와 이 장내 박테리아와 그 녀석들에게 영양분을 공급해주는 방법에 대해 연구했고, 이제 나는 그 박테리아들을 내 작은 반려동물인 양 소중히 돌본다. 나는 나를 이루는 모든 것이 운송용 굴의 조직망이라는, 박테리아가 돌아다니며 영양분을 섭취하고 번식할 수 있도록 도와주는 지원 체제를 갖춘 하나의 소화관이라는 느낌을 떨칠 수가 없다.

일어나는 일들의 상당수는, 지표면 아래에서 남몰래 벌어지는 알 수 없는 신비에 의존한다. 땅속에서 두더지는 땅의 고유한 소화 작용의 일부를 이룬다. 녀석은 지렁이를 먹는데, 그 지렁이는 자기만의 작은 굴 아래로 끌어내린 낙엽들을 먹는다. 두더지는 자신의 움직임에 대한 단서를 땅 위에 어떤 언어로 남기고, 그 언어는 녀석이 어디에 있으며 얼마나 깊은 곳에 있는지에 대한 모호하고 신뢰하기 어려운 이야기를 들려준다. 두더지는 좀처럼 보이지 않는다. 녀석의 이야기를 읽어내고, 녀석의 비밀을 해독하고, 녀석을 찾아내어 녀석이 태어나기 이전의 땅으로 돌려보낸 다음, 죽지 않았다면 녀석이 잡아먹을 수도 있었을 민달팽이, 유충, 딱정벌레, 지렁이에 의해 재순환

되도록 하는 것. 이것이 나의 고독하고도 거의 침묵에 가까운 일이다.

한 마리의 두더지는 하루에 대략 20미터 정도의 굴을 파며 앞으로 나아가면서 자신의 커다란 손으로 천장과 벽을 흙으로 다질 수 있다. 녀석은 흙을 앞으로 밀어내기도 하는데, 그러다 보면 결국에는 밀어낼 흙이 너무 많아지게 된다. 그럼 녀석은 방향을 틀고는 흙을 지표면 위로 밀어낸다. 때로 나는 녀석이 거대한 분홍빛 손을 두더지 언덕 밖으로 잠시 내미는 모습을 목격하기도 한다.

두더지는 벽과 좁은 길, 경계 지역 아래를 파고 다닐 것이다. 강과 시내를 헤엄칠 것이고, 건물의 기초 아래에 굴을 뚫을 것이다. 자신의 삼차원 세계에서, 두더지는 먹이를 찾다가 마주하는 바위와 뿌리를 피해 위로 갔다가 아래로 가고, 몸을 비틀고 돌린다. 먹이용 굴은 구불구불한 형태를 띤다. 그것들은 서로 교차할 수도 있고 다른 방향으로 분기할 수도 있다.

녀석들이 굴을 얼마나 깊이 파는지는 종종 날씨, 그리고 흙의 종류와 깊이에 따라 다르다. 나는 땅속 깊숙이 파 내려가는 두더지들에 대한 이야기, 특히 텅 빈 무덤의 밑바닥을 가로질러 달려가는 두더지를 본 어느 교회지기에 대한 이야기를 들은 적이 있다. 나는 이 이야기를 몇 차례 들어보았지만 그걸 실제로 목격한 사람에게서 들은 적은 한 번도 없다. 세상은 허구를 통해 굴러간다.

두더지들은 최소한 두 종류의 굴을 판다. 휘어지고 방향이 바뀌는 먹이용 굴. 그리고 종종 들판의 경계를 따라, 벽의 맨 아래쪽을 따라, 그리고 작은 물방울들이 떨어져 흙이 축축하고 조용한 상태를 유지하는 울타리와 생울타리 아래를 따라 이어지는 영구적 굴. 영구적 굴은 대개 꽤 깊으며 두더지 조직망의 근간을 이룬다. 이것은 녀석의 집이다. 먹이가 풍족한 경우엔 그저 이 굴을 돌아다니며 그 안으로 떨어진 지렁이와 딱정벌레를 찾는다. 그러다 식량이 부족할 때가 되면, 녀석은 자신의 조직망을 확장하고 먹이용 굴을 팔 것이다. 그리고 새로운 두더지 언덕들이 나타날 것이다.

어떤 굴들은 얕으며, 곱슬곱슬하고 빽빽한 잔디 아래서 풀을 들어 올리며 갑자기 지표면 위로 나타난다. 나를 가르친 나이 든 두더지 사냥꾼 중 한 명은 그 광경을 두고 '제멋대로 날뛴다'라고 불렀다. 그는 호르몬 때문에 미쳐 날뛰게 된 두더지가 짝을 찾고 있는 거라고 말했다. 나는 그가 왜 그렇게 생각했는지 모르겠다. 어쩌면 그 말은 두더지의 인생보다 그 자신의 외로운 인생에 대해 더 많은 걸 말해줬는지도 모른다. 나는 그 두더지가 그저 한 줌의 선충류나 썩어가는 이파리를 먹이로 발견한 지렁이 혹은 딱정벌레 무리와 마주쳤는지도 모른다고 생각한다. 누구나 견해가 있지만, 아는 사람은 아무도 없다. 녀석들을 잡기 위해 모든 것을 알 필요는 없다. 알지 못하는 상태를 편하게 느끼는 것은 사냥에서 중요한 부분인데, 그럼으로써 모든 선택지를 열어둘 수 있고 선택의 기회를 가질 수 있기 때문이다. 모른다는 것은 내게 있어 상상 가능한 최고의 상태이다. 모른다는 것에는 변화를 수용하고자 하는, 그리고 모든 걸 알아야 한다는 강박 없이 백만 개의 꽃잎이 달린 다층적 인생의 꽃을 즐기고자 하는 달콤함과 명랑한 의지가 깃들어 있다. 이 지표면의 굴은 한 번 쓰고는 그 이상 사용되지 않는 것 같고, 나는 그런 것들을 보면 그냥 눌러버린다. 그런 굴들은 땅에 해를 끼치지 않는다. 다시 불쑥 튀어 오르지도 않는다.

삼림 지대를 유심히 살펴보면 종종 나무 둘레에 고리 모양으로 만들어진, 오래되었거나 새로 생겨난 두더지 언덕들을 볼 수 있을 것이다. 이곳이 바로 작은 물방울들이 떨어져 낙엽이 썩고 딱정벌레와 지렁이가 모여드는 곳, 그리고 두더지가 굴을 파는 곳이다. 어쩌면 녀석은

'서클 라인'*의 지하철처럼 빙글빙글 돌다가 굴의 벽에서 떨어지는 먹이를 독차지하며 여생을 보낼 수도 있을 것이다. 녀석은 가끔씩 측면으로 굴을 파며 지선支線을 만들겠지만, 늘 간선幹線으로 돌아올 것이다.

수도를 방문해 지하철을 타고 이동할 때, 나는 가끔 내가 굴속을 빙빙 돌다가 어둠 속에서 이 굴에서 저 굴로 넘어가고 이따금 사냥을 하거나 멈추기도 하는 한 마리의 두더지라고 상상해 본다. 또 어떨 때에는 탄광의 막장으로 향하는 광부가 되어보기도 한다. 다른 많은 이들과 마찬가지로, 나는 나와 지하철의 관계가 애증의 관계는 아닐까 하는 의심이 들기도 한다. 어느 쪽이 됐든, 두더지와는 달리 나는 어서 빨리 이곳을 탈출해 지표면에 도달하고 싶다고 생각한다. 나는 지하에서는 집 같은 편안함을 느끼지 못한다. 반면 두더지는 오직 짝짓기를 할 때만 굴을 떠나며, 언제고 굴로 되돌아온다. 녀석의 예측 가능성, 영구적인 영역을 필요로 하는 두더지의 특성, 그리고 이 동물이 가진 변화에 대한 거부감은 스스로를 붙잡히게 만들 약점들이다.

나는 가장 최근의 언덕을, 지난 몇 시간 이내에 만들

* 영국 런던 지하철의 순환선.

어진 언덕을, 발이나 발굽, 비나 바람에 납작해지지 않았으며 잘 바스러지고 촉촉하고 풍화의 흔적이 없는, 지표면 아래에서 갓 솟아난 흙으로 이루어진 언덕을 찾는 일로 사냥을 시작한다. 이러한 것들은 녀석이 지금 어디서 작업을 하고 있는지를 말해준다. 녀석은 새로 만든 이 언덕들과 자신의 주요한 영구적 굴 사이를 오갈 것이고, 따라서 나는 그것들 사이의 어딘가에서 녀석을 잡게 될 거라는 기대를 품게 된다.

불과 몇 달 전에 떨어진 낙엽이 이미 흙으로 변해가기 시작했다. 누군가 오크나무 아래에 심은 것이 분명한 스노드롭*이 무더기로 싹을 틔우고 있고, 나는 그 누군가가 왜 이 헐벗은 들판에서 그런 일을 했을지 궁금하다. 찬사의 표시일까? 신께 바치는 공물일까? 야생의 장소들에서도 인간의 손길이 엿보인다.

관절과 근육에 통증이 느껴진다. 나는 내가 늙어가고 있으며, 덫이 든 이 무거운 가방을 언제까지나 들고 다닐 수는 없을 거라는, 혹은 이 추위를 언제까지고 견딜 수는 없을 거라는 사실을 받아들여야만 한다. 어쩌면 내

* snowdrop. 이른 봄에 피는 작고 흰 꽃으로, 아네모네의 일종.

가 물러날 시간이 임박했는지도 모른다. 이제 나는 일을 하는 것보단 걸음을 멈추고 주변을 바라보는 게 더 좋다. 나는 이것이 내가 그간 고대해 온 삶의 일부라는 사실을 스스로 상기시키지만, 산들바람이 부는 차가운 산비탈에 피어 있는 저 스노드롭을 보고 있노라면 자연스레 이런 생각들이 떠오른다. 계속 같은 모습으로 있는 것은 내가 선택할 수 있는 일이 아니다. 세상 모든 건 변화 속에 있고, 그것은 그저 일어난다. 트랙터 바퀴 자국 위의 살얼음을 밟으니 빠드득거리는 소리가 나고, 헐벗고 바람에 휘어져 삐거덕거리는 나무에서는 까마귀들이 끼익하는 소리를 내며 운다. 그리고 삐거덕거리는 내 무릎.

나는 주요한 굴들이 있을 법한 들판의 경계를 한 바퀴 돌며 두더지들의 움직임을 파악해 보기 위해 강 쪽으로 걸어간다. 당장이라도 얼어붙을 것처럼 차가운 강 옆의 들판에서는, 여전히 강의 내음이 난다. 냄새는 어디에나 있다. 나무 아래의 후미진 곳을 지나 다시 울타리 옆으로 돌아간다. 두더지 사냥꾼이 걸어가는 길은 늘 둥글게 원을 그리고, 마치 미로처럼 결국 중앙에서 끝이 난다. 그리고 그곳에는 당연하게도 평화와 고요만이, 모든 것들이 오직 있는 그대로의 모습으로 존재하는 소박한 완벽함만이 있을 뿐이다.

들판 주위를 걸으며 나는 색다른 장소에 눈길을 보내지 않을 수가 없다. 이를테면 잔뜩 피어 있는 진달래 아래를 보면, 그곳이 밤을 지새울 수 있는 안전한 피난처로서의 침대가 될 수도 있겠다는 생각이 든다. 그런 곳을 찾아보는 것은 떨칠 수 없는 나의 습관이다. 나는 어디에 있든지 간에, 하룻밤을 머물 수 있을 것으로 여겨지는 장소들을 당연하다는 듯이 찾아낸다. 몸을 뉘어 쉴 수 있는 능력은 어쩌면 내가 가진 기술들 가운데 육체적으로 그리고 정신적으로 가장 중요한 생존 기술일 것이다. 피로는 치명적이다. 내가 아는 가장 편안한 장소는, 어느 따뜻한 봄날 오후 나뭇가지 사이로 거미줄이 쳐지는 걸 볼 수 있고 검은지빠귀가 다가와 자장가를 불러주는 동안 어둠 속에서 별들이 빛나기 시작하는 걸 기다릴 수 있는 나무 아래다. 호랑가시나무만 아니라면, 어느 나무든 괜찮다.

상록수는 훌륭한 은신처를 제공한다. 1년 내내 잎을 떨어뜨리면서 산뜻한 향이 나는 잠자리를 공급해 주고, 잎에 송진이 있어서 부패가 더딘 편이며, 새로운 지층 아래로 완전히 묻히기 전까지는 잎이 건조함을 유지하기 때문이다. 부패가 일어나면, 유기체가 화학 물질과 무기질로 변형되는 과정을 통해 열을 발생시킨다. 아래에 파묻힌 지층은 부패하면서 맨 위층을 덥히고 말린다. 낙엽수는 오직 가을이나 가뭄 때에만 잎을 떨어뜨리고, 그 잎은 습기를 빨아들인다. 낙엽수의 잎은 썩길 바라는 잎이다. 커다란 덤불은 한 사람이 보금자리를 만들어 하룻밤을 보내기에 좋은 장소다. 소나무 숲이라면 더 좋다.

새들과 함께 잠을 자던 시절, 나는 함께 잠을 자던 야생동물들과 내가 똑같은 존재라고 느꼈다. 우리는 같은 이유로 같은 활동을 하고 있었다. 우리 모두는 그저 우리의 할 일을 하고 있을 뿐이었다. 나는 생울타리 아래에서, 강둑과 해변에서 잠을 잤다. 달가닥거리는 작은 돌멩이들을 해변으로 몰고 오는 파도의 소리를 들으며, 바닷물이 거품과 함께 그 돌들 사이로 빠져나가는 소리를 들으며, 혹은 강물이 바위 사이로 떨어지는 동안 올빼미들이 숲에서 서로를 향해 우는 소리를 들으며, 때론 수문에서 급류가 쏟아지는 소리를 들으며, 그리고 붉은 벽돌의 버려진 면직 공장 위로 몰려온 구름이 녹슨 철골 구조물 구석에 남아 있는 수천 개의 깨진 창문 조각에 반사되는 모습을 바라보며 나는 잠이 들곤 했다.

밤이면 종종 검은지빠귀 소리를 들었다. 검은지빠귀

는 보초를 서는 새다. 녀석은 나무 꼭대기의 좋은 위치를 점한 뒤 망을 보면서 달콤하고도 복잡한 노래를 부르는데, 고양이나 까마귀, 매, 인간과 같은 위험을 감지하면 경고음을 내며 모든 새와 주위의 다른 동물들에게 주의를 준다. 하루가 끝나갈 무렵이면 나는 편히 앉아 움직임을 멈추고 조용히 있었고, 내가 오는 것을 보았던 검은지빠귀는 '찌르르 칭 칭 칭' 하는 경고음을 내기를 관두고서 내가 그러듯 긴장을 풀고는 또다시 복잡하고 그윽한 노래를 부르기 시작했다. 그러다 어둠이 내리면 마지막으로 울음을 한 번 내뱉고서 나와 마찬가지로 덤불 속 보금자리로 날아갔다.

내가 더 조용할수록, 더 많은 소리를 들을 수 있었다. 동물들은 긴장을 풀었다. 그들은 내가 그곳에 있지만 위협은 되지 않는다는 것을 알았다. 내가 더 많은 잡음을 낼수록, 자연은 더 조용해졌다. 침묵을 유지하면서 나는 내 주위에 무엇이 있는지 알 수 있었다. 어둠 속에서 나는 수역水域의 차갑고 축축한 공기를 느낄 수 있었고, 야생동물이 없는 안전한 은신처가 되어주는 잘 관리된 솔숲의 침묵을 느낄 수도 있었다. 또한 땅 위의 모든 곳에서 찍찍거리거나 달리고, 날고, 뛰고, 기거나 미끄러지고, 혹은 그냥 가만히 있으면서 수분을 빨아들이는 존재들로 붐비는 오래된 숲에서 들려오는 잡음을 들을 수 있었다. 그것은 다가오는 폭풍과도 같은 물리적 무게감이었다.

어둠 속에서 나는 들을 수 있었고 냄새를 맡을 수 있었다. 눈으로 보는 것보다 훨씬 더 많은 것들을 피부로 느낄 수 있었다. 손전등을 들고 가는 것은 한 번도 생각해 보지 않았다. 손전등은 곧 건전지를 의미했으며, 모든 돈은 먹거리를 위해서만 사용되어야 했다. 어느 날 밤, 들판 가장자리의 나무에 몸을 기대고 있다가 같은 들판에 있는 누군가가 바로 옆에서 기침하는 소리를 듣고선 혼자 펄쩍 뛰었던, 칠흑 같은 어둠 속에서 아드레날린을 뿜어대며 경계를 했던 기억이 난다. 그것은 밤새 계속되었고, 나는 몇 시간 내내 꼼짝도 하지 않았다. 천천히 다가오는 새벽이 되어서야, 나는 양의 기침 소리가 사람이 내는 소리와 완전히 똑같다는 걸 알게 되었다. 또 다른 밤에는 잠이 들려고 하던 참에 내가 누워 있던 생울타리 옆에서 바스락거리는 소리가 나더니 이따금 발자국 소리와 거친 숨소리가 들려왔는데, 알고 보니 반대편에서 말이 잠시 졸고 있던 것이었다.

너무 까다로운 성격만 아니라면, 강둑이나 운하의 제방, 들판 근처에는 늘 어딘가 잠을 잘 수 있는 곳이 있다. 나는 스스로를 편안하게 하는 법을 배웠다. 잘 손질되고 적절히 쌓아 올려졌으며 배수 시설도 잘돼 있는 생울타리들은 자신의 역할을 제대로 해냈고, 나를 안으로 들어가지 못하게 했다. 오래되고 보살펴지지 않아 틈이 많은 생울타리는 다 자란 나무들을 제공해 주고, 그것들 뒤에는 종종 이상적인 쉼터가 있다. 그러한 생울타리는 대개 농업을 위해 개간된, 오래된 삼림 지대의 잔재라고 할 수 있다. 나무들은 충분히 굵기만 하다면 바람과 비로부터 몸을 피할 수 있는 은신처와 사생활을 제공해 준다. 때로 그런 나무들은 2열로 세워져 있어서, 그 사이의 공간을 활용해 밤을 편하게 보낼 만한 야영지를 만들 수도 있다. 배수로 안쪽에서는 밤이 더 길게 이어지기 마련이고, 그런 곳에서 나는 원하는 만큼 오랫동안 푹 잘 수 있었다.

내가 두려워하는 동물은 소, 개, 그리고 사람뿐이다. 야생동물들은 당신을 혼자 있게 내버려 둔다. 나는 개구리와 달팽이와 온갖 종류의 곤충들과 함께 잠에서 깨어났지만, 벌레에 물리고 벌과 말벌에 쏘였던 때는 오직 내가 부주의했을 때뿐이었다.

하루 내내 걸은 날이면 잠은 보통 빨리 왔고, 어둠이 내려 있는 동안 계속해서 잠을 잤다. 봄과 가을에는 밤이 길었고, 여름에는 잠이 짧았다. 나는 새들과 같은 시간에 자리에 누워, 해가 강이나 언덕 위에서 서쪽으로 넘어가는 걸 지켜보며 새벽을 기다리곤 했다. 그러고는 한참 뒤, 새들과 함께 깨어났다. 처음에는 검은지빠귀, 그다음에는 울새가 일어났고, 그사이 내 뒤로는 해가 떠올라 엷은 안개를, 때론 풀과 잎사귀 위에 내린 이슬을 빛나게 했다. 나는 그곳에 누워 있으면서 징조 같은 게 존재할지도 모른다는 생각을 했다. 그러니까, 만일 내가 까치를 본다면 그건 그날 뭔가 좋은 걸 먹게 된다는 뜻일 거라고, 세 마리의 까마귀는 변화가 찾아오고 있다는 뜻일 거라고 말이다. 당시 나는 너무 어려서, 변화는 항상 찾아오는 것이라는 사실을, 그것은 자신이 왔다며 큰 소리로 알리지 않는다는 사실을 알지 못했다.

밤이 되어 휴식을 취할 때면, 나는 마치 내가 땅과 밤으로 이루어지기라도 한 것처럼 그것들 속으로 녹아들었다. 나는 자연 속에 있지 않았다. 나는 그것과 '교감'하지 않았다. 나는 자연이었다. 매일매일, 하루 종일, 날마다 내 안의 진정한 자연에 최대한 가까워졌다. 그리고 매일 아침 새벽마다 나의 침대를 떠나며 다시는 돌아오지 못할 그곳을, 다시는 소유하지 못하고 똑같이 경험해 보지 못할 그것, 그 침대, 그 풍경을, 어쩌면 아주 짧게나마 뒤돌아보았는지도 모르겠다. 이곳들은 그때도, 그리고 지금도 여전히, 나의 집이다.

내 머리 위에는 태양과 달과
끝없는 순환이 있어
지점에서 분점까지 돌고 돌며
그들은 내게 언제 일하고
언제 쉬어야 할지를 말해주네

해는 짧아졌고
오늘은 날이 환해
하지만 나는 늙고 둔한 기분이고
일은 내 하루를 길게 느껴지게 만들어

차갑게 젖은 바람과 하늘이 흘러와
내 폐 속으로 들어갔다 나오면 나는 그것을 맛보네
그걸 처음 들이마신 건 여기 있는 양들이고
우리는 일종의 분자를 공유하겠지
이 겨울 숲의 가장자리에서

나를 뿔 달린 동물로 만드는
가장자리에서
내리는 이 비의 가장자리에서

이 짧고 어두운 날의 가장자리에서

축축한 낙엽과 젖은 장소들의 가장자리에서

살아 있는 것과 그렇지 않은 것의 가장자리에서

고슴도치가 바스락거리고

생명체들이 썩고

버섯이 번성하고

내 그림자는 짧아지고

주는 달이 되고

달은 연이 되고

연은 삶이 되는 그곳에서

기억하기 위해 기억하는 가장자리에서

연민을 품은 채

나는 다시 연결된 기분을 느끼네

변화하는 계절들은 모든 걸 바꾸어놓고

모든 것들은 다른 모든 것들로 상쇄되네

모든 것들의 소리는 한순간에 침묵이 되고

모든 색깔의 색깔은 일순간에 백색이 되어버리네.

걷는 사람

두더지는 자기 영역에서만 살며, 그곳을 잘 안다. 녀석들은 어두컴컴한 지하에서도 자신의 길을 기억하여 빠른 속도로 이동한다. 두더지들은 자기들의 조직망 내 서로 다른 구역에서 번갈아 가며 먹이를 먹는 것으로 보인다. 우선 한 구역에서 먹이를 모두 먹어 치운 다음, 하루 이틀 간격으로 다시 다른 구역으로 이동하는 것이다. 두더지는 매끄럽고 재빠르다. 덫을 놓는 사냥꾼이나 침입한 생명체로 인해 생겨난 굴의 변화는 두더지들을 겁먹게 하고, 그러면 녀석들은 그곳을 막아버리고는 동일한 조직망의 다른 구역으로 가서 새로운 굴을 파고 새로운 언덕을 만든다. 족제비와 담비가 자신들을 사냥하러 굴을 파고 들어오면, 두더지는 달아나면서 그와 동시에 굴을 메운다.

한 두더지가 짝짓기 철이 아닌 시기에 다른 두더지와 만났는데 그 두더지가 돌아서지 않으면, 둘은 하나가 치명상을 입고 죽을 때까지 굴을 지키기 위해 싸움을 벌인다. 싸움은 영역을 가진 것들의 본성이다. 두더지는 내상을 입으면 죽게 될 확률이 높다. 녀석의 피는 잘 굳지 않기 때문이다. 두더지는 심지어 아주 작은 상처에도 과다 출혈로 죽는다. 두더지 굴들은 이따금씩 서로를 침범하는데, 녀석들은 상대의 굴이 자신의 굴과 인접하면 마치 자전거를 타고 출근하는 예선로 위의 사람들이 사고를 막기 위해 벨을 울리듯 서로에게 찍찍거리는 소리를 냄으로써 불필요한 만남을 피한다.

정원 아래에는 여름 내내 아무도 모르게 꽤나 행복하게 살고 있는 두더지 몇 마리가 있을 수 있다. 그러나 날씨가 추워져 지렁이들이 땅속 더 깊은 곳으로 숨어들기 시작하면 먹이를 찾기 어려워지고, 그러면 두더지들은 자신의 영역을 확장하기 시작한다. 전에는 보이지 않던 언덕들이 나타나는 이때가 바로 사람들이 나를 찾는 시기다.

다 자란 두더지가 지표면 위로 모험을 감행하는 일은 거의 없다. 굴 밖 지표면에서의 녀석들은 느리고 먹음

직스러워 보이며 연약하기에, 금방 잡아먹힐 것이다. 두더지들이 사는 곳에는 종종 두더지가 땅 위로 지렁이를 밀어 올려주길 기다리는 까마귀와 다른 새들이 있는데, 이 까마귀와 맹금류들은 기회만 주어진다면 두더지도 낚아챌 것이다. 집고양이와 여우 또한 꿈틀거리는 두더지 언덕 옆에서 은밀히 기다리다가 두더지가 손을 보이면 바로 덤벼들 것이다.

대부분의 두더지는 나이가 어린 봄철에 보금자리를 떠났을 때만 지표면을 돌아다닌다. 녀석들은 자신의 집으로부터 꽤 떨어진 거리에서 배회하다가 땅을 파면서 자기만의 굴 조직망을 만들기 시작하고, 혹은 운이 좋으면 버려진 굴을 발견하기도 한다. 자신이 충분히 멀리 왔다는 것을 두더지가 스스로 어떻게 인식하는지는 아무도 모른다. 동물들은 대체 어떻게 자신의 영역을 선택하는 걸까? 추측건대 녀석들은 후각을 이용하는 것 같고, 집 냄새가 옅어지고 다른 두더지들의 냄새가 나지 않으면 땅을 파기 시작하는 것 같다. 녀석들은 그 전엔 한 번도 땅을 파본 적이 없다. 본능적으로 그렇게 하거나 포식자에게 잡아먹히는 걸 피하기 위해 그리하는 것 같다. 가뭄이 들었을 때, 흙이 얕고 땅이 마른 풀밭에서 두더지들이 발견된다는 이야기를 들은 적이 있다. 녀석들은 아마 물이나 먹이를 찾고 있었을 것이다. 번식기에는 분명 가끔 육로로도 이동하는 것 같은데, 내 눈으로 직접 본 적은 없다. 나의 영역인 남웨일스와 베일 오브 글러모건Vale of Glamorgan 주는 대부분이 비옥하고 깊은 지층의 농지이고, 두더지들은 지하에 머문다.

지하의 어둠 속에는 밤도 낮도 없다. 두더지는 네 시간을 주기로 활동하는 듯한데, 굴속의 몇몇 보금자리 중 한 군데에서 네 시간 동안 먹이를 먹은 다음 다시 네 시간 동안 잠을 자는 식으로 보인다. 하룻밤 사이에 정원에 두더지 언덕이 생기는 것은 대개 그때가 정원이 가장 조용한 시간이기 때문이다. 평화로운 땅에서는 언제라도 두더지 언덕이 솟아오를 수 있다.

두더지는 작고 강력하고 포악한 지하의 포식자다. 나는 녀석들이 매일 자기 몸무게의 절반 이상을 먹어야 하며, 매년 20킬로그램에 달하는 지렁이를 먹게 된다는 글을 읽은 적이 있다.

두더지는 사실상 앞을 보지 못한다. 유럽두더지는 빛과 어둠을 볼 순 있지만 다른 것은 거의 보지 못한다. 녀석들은 눈의 초점을 맞추지 못한다. 러시아데스먼과 같은 다른 두더지들은 앞을 전혀 보지 못한다. 두더지는 죽은 지렁이는 그냥 지나치지만 살아 움직이는 지렁이는 조금 떨어진 곳에서도 찾아내는데, 굴의 벽이나 바닥에 있는 지렁이들을 잡아당겨 양손으로 잡고서 머리부터 먹어 치우는 모습은 꼭 밧줄을 타는 등반가처럼 보인다.

두더지는 지렁이들이 가는 곳으로 간다. 날씨 때문에 지렁이가 깊은 곳으로 내려가면 두더지도 깊은 곳으로 내려간다. 억수같이 쏟아지는 비조차 그곳이 계곡이거나 홍수가 났거나 나무가 아주 많지 않은 이상, 깊은 땅을 뚫고 들어가지는 못한다. 비는 지표면 위를 흐르다가 가까이에 있는 굴들로 빠져나간다. 나무와 마찬가지로, 두더지 굴은 자연이 홍수와 토양 침식을 방지하는 방식의 일부이기도 하다. 비록 두더지는 큰 손으로 헤엄을 잘 칠 수 있지만, 지렁이와 마찬가지로 침수된 굴에서 익사할 가능성이 있다. 두더지 혹은 두더지가 사냥하는 지렁이는 기압에 민감할 수도 있다. 나는 하루 이틀 정도 산비탈에 앉아 있다가, 기압이 떨어지고 비가 오기 시작할 때 새로운 두더지 언덕들이 비탈 위쪽까지 생겨나는 것을 본 적이 있다.

서리는 땅을 뚫고 들어가는 정도가 심지어 비보다도 약한데, 불과 몇 센티미터밖에 들어가지 못한다. 추운 날씨에도 두더지는 평소대로 살아가며, 종종 서리나 눈을 뚫고 나와 지표면에 비옥하고 검은 흙무더기를 남기곤 한다. 녀석들은 겨울잠을 자지 않는다. 땅속은 늘 따뜻하다.

가뭄으로 땅이 마르면 지렁이들은 필요한 수분을 찾기 위해 깊은 곳으로 내려가고, 두더지들도 지렁이를 쫓아 내려간다. 하지만 흙이 얕고 바위 위에 있을 경우, 가뭄이 오면 지렁이들은 죽는다. 유기물이 생산되거나 재생산되지 않으면 토양은 바람에 불려 날아가거나 비에 씻겨 내려가면서 헐벗은 바위만을 남긴다. 얕은 토양은 흙을 응집시키고 수분 함유율을 높여줄, 그리고 낙엽을 떨어뜨려 생명을 가져다줄 나무를 필요로 한다. 만일 토양이 씻겨 내려가면 바위가 드러날 것이고, 바위 위에는 이끼가 자라나 떨어지는 산소 함유율과 높아지는 이산화탄소, 온도와 강수량에 적응해 나갈 것이다. 그곳에는 언제나 어떤 종류의 생명이 있을 것이며, 무언가에 매달려 애쓸 일은 전혀, 전혀 일어나지 않을 것이다. 바위와 살덩이 위에서 일어나는 바람과 물의 이 끊임없는 선회는 그것들을 모두 하나로 만든다. 그곳에 타자는 존재하지 않는다.

내가 떠돌이 생활을 하던 소년 시절에 나의 낙엽을 공유했던 고슴도치, 두꺼비, 개구리 들은 농약 때문에 서서히 사라져가고 있다. 그들이 살던 들판과 숲은 집과 도로로 바뀌고 있다. 나는 새로운 상황을 받아들이고, 그것에 익숙해져 간다. 끊임없이 내리는 비, 겨울이나 여름의 부재, 12월에 피어나는 장미와 함께 살아가는 법을 나는 배웠다. 이 모두가 그저 평범한 것이 되어버렸다.

훼손은 존재의 흐름의 일부다. 나는 늙어가고 있고, 내 몸은 계속 분해되고 있다. 내 손목의 살 아래로 맥박이 물결치는 게 보인다. 문신 바늘이 굽이치게 파놓은 나선형 무늬 아래로 약동하는 나만의 느슨한 용수철.

내 심장은 고유의 리듬으로 뛴다. 쉬었다가 속도를 내다가 가끔 느려지고, 멈췄다가 다시 뛰기 시작하고, 그래서 나는 '구획을 나눠' 숨을 쉰다. 심박동 수를 조절하기 위해, 혹은 최소한 심박동 수 문제에 대처하기 위해 다섯 박자 동안 들이쉬었다가, 다섯 박자 동안 참았다가, 다섯 박자 동안 내쉰다. 나는 째깍거림이 서서히 멈춰가는 중인 시계다. 나는 피를 맑게 하기 위해, 어느 날 내가 누구인지, 페기가 누구인지, 내 아이들이 누구인지 모르게 만들 혈전을 방지하기 위해 약을 먹는다. 이제 나는 더 이상 냄새를 맡을 수 없다. "눈도 보이지 않고, 맛도 모르고…."* 내 눈은 예리함을 잃어가고 있다. 삶은 이런 식으로 흘러간다.

예전에는 박쥐의 소리도 들을 수 있었다. 이제는 죽어가는 수용체 세포가 스테레오로 내지르는 고함 소리가 내 귀에 끊임없이 들려온다. 그것은 저항하려고 들면 도저히 참아낼 수 없는 소리이지만, 만약 받아들인다면 나는 그 소리의 주파수를 맞춰 들으며 함께 놀 수도 있다. 이명. 실재로서 경험하는 이 윙윙거림은, 그러나 실재가 아니다. 나는 그 소리를 들을 수 있지만, 다른 이는 그 누구도 들을 수 없다. 그 어떤 민감한 청취 기계도 그 소리를 잡아낼 수 없다. 그것은 측정할 수 없는 것이지만, 그럼에도 그것의 진실함은 스모키하고 솔티한 한 잔의 위스키가 그러하듯 경험 속에서 느껴진다. 진실은 경험 속에만 존재한다. 나는 고래의 노래와 지나가는 열차와 날아가는 화살이 내는 유령과도 같은 소리들을 들을 수 있다. 청각학자들에게서 들은 말인데, 소리는 늘 거기에 있지만 만일 내가 다른 무언가에 집중하면 그 소리는 사라져 버린다고 한다. 매달린 채로 떨어지길 기다리는 잎사귀 하나에 시선을 고정한다면, 그리고 잎사귀가 나무에서 떨어지는 순간을 포착하길 기다린다면, 한 시간이 완

* Sans eyes, sans taste…. 셰익스피어의 《좋으실 대로》 2막 7장에 나오는 대사.

전한 침묵 속에 흘러가 버릴 수도 있다.

나는 작은 새소리는 이제 거의 듣지 못한다. 다만 바위 사이의 작은 웅덩이에 있는 홍합처럼, 짙은 물 아래서 침묵하고 있는 바닷가재의 집게발이나 따개비처럼, 황혼녘의 데이지처럼 열렸다 닫혔다 하는 작은 부리들을 볼 수 있을 뿐이다. 적어도 딱딱거리는 소리는 들려야 마땅할 것이다. 내 딸의 목소리가 점점 커지더니 다시 작아진다. 내 귀는 고주파수 소리를 듣지 못한다. 때때로 조용한 밤중에 다른 소리들이 들리고, 나는 페기에게 그 소리가 들리는지 물어본다. 우리는 우리의 일상과 걱정거리에 대해 서로 끊임없이 이야기한다. 무엇이 실재이고 무엇이 실재가 아닌지 알기 위해, 정말 여러 면에서 우리는 서로를 필요로 한다.

나의 정신은 내 주변의 세상을 통제할 필요성 또한 잃어가고 있다. 나는 모든 걸 있는 그대로 놓아둔다. 나는 '로터스를 먹는 사람'*이다. 나는 쉽게, 그리고 기꺼이 잊는다. 그렇기에 페기와 나는 다투는 일이 드물며, 매일 매일이 일어났거나 일어나지 않았을 일들에 대한 용서로

* lotus-eater. 원래 호메로스의 《오디세이아》에 등장하는 로토파고이족을 일컫는 말로, 먹으면 황홀경을 느끼게 된다는 상상의 열매인 로터스를 먹고 속세의 근심을 잊은 사람을 뜻한다.

시작된다. 결국 내 정신은 내 몸을 통제할 필요성을 잃게 될 것이다. 나는 내 아이들을 만들었고, 자연은 더 이상 나를 필요로 하지 않는다. 이는 나의 불가피하고 개인적인 생태계다. 당신에게는 당신만의 생태계가 있을 테고, 다만 그것들은 서로 비슷할 것이다. 치유란 그저 변화, 받아들임에 적응하는 것일 뿐이다. 그것은 모두 평범한 일이다. 우리는 이곳에 와서 자라나고, 그러고는 다시 점차 사라져간다.

나는 내가 걷고 있는 이 땅, 비, 진흙, 새와 포유동물, 심지어 여름에 나를 무는 곤충들, 나비, 꽃등에, 잠자리, 말벌 떼와 벌 떼, 풀과 나무, 그리고 내가 알고 쫓고 사냥하는, 그 몸뚱이를 울타리에 걸쳐놓거나 새들에게 던져주거나 죽은 채로 굴로 돌려보내는 두더지들을 사랑하게 되었다. 생명과 생명의 순환을 나타내주는 윙윙거리며 진동하는 에너지들. 가방을 들고 밴에서 내려 젖은 녹색 대지 위에 첫발을 내디딜 때, 나는 거의 성적이라고 할 만한 육체적 흥분을 느낀다.

뜨거운 여름날들은 길고 피곤했으며, 나는 멀리까지 걷지 않았다. 나는 그늘과 물을 찾곤 했다. 날씨가 더울 때는 개를 산책시키는 사람들과 낚시꾼들이 예선로와 강둑에 나와 있었다. 걷기는 스포츠가 아니었으므로, 나는 힘들게 걷는 대신 한가로이 걸었다sauntered, 집 없이sans terre.* 어둠이 내려 그 사람들 모두가 산들바람에 불려가는 민들레 씨앗처럼 사라져버릴 때까지 나는 나무 아래 앉아 있을 수 있었고, 다시 혼자가 되면 한결 시원해진 공기 속에서 어쩌면 조금 더 걷기도 했을 것이다.

멀리 있는 언덕은 늘 가까이 있는 언덕보다 더 하얗게 보인다. 멀리 있으면서 하얀 하늘을 배경으로 둔 하얀 언덕들은 눈에 거의 보이질 않는다. 한계에 도달할 때, 그러니까 거의 아무것도 아닌 게 되는 순간에 이를 때, 사람들과 다른 존재들은 더없이 연약하다. 만일 내가 거꾸로 걸어간다면, 나는 언덕들이 흐려지면서 구름 속으로 사라

* 걷기를 예찬한 헨리 데이비드 소로는 'saunter(한가로이 걷다)'의 어원 중 하나로 프랑스어 표현 'sans terre(집 없이)'를 꼽았다.

지는 광경을 볼 수 있을 것이다. 내가 다가가자 그 언덕들은 더욱 어두워지고 견고해졌으며, 새로운 하얀 언덕들이 그것들 뒤로 모습을 드러냈다. 천천히, 시간이 지날수록, 혹은 하루하루가 지날수록, 나는 햇빛과 날씨가 만들어낸 모든 그늘 속에서 어두워져 가는 언덕들의 모습이, 길이 휘어지고 올라가고 내려가면서 생겨나는 다양한 각도에 따라 어떻게 다르게 보이는지를 훤히 알게 되었다.

걷는 것과 야외에 있는 것 외에, 나에게는 아무런 계획도 목표도 없었다. 나는 어디로도 가려고 하지 않았으며, 갈 곳은 아무 데도 없었다. 제한된 시간도 없었고, 이룰 무언가도 없었다. 그저 발걸음, 하루, 초秒, 한 번 쉬고 또 쉬는 숨, 저절로 부드럽게 여닫히는 문이 있을 뿐이었다. 이따금씩 먹고, 어두워졌을 때 쉴 곳을 찾는 일 외에, 아무 책임 없이 하루 종일 세상을 바라보고 있다 보면 기쁨으로 충만한 자유가 느껴졌다.

오래 걷다 보면, 예전의 나라고 생각했던 사람이길 스스로 멈추게 되는 순간이 온다. 하지만 그렇다고 해서 그 이유를 묻게 되지는 않는데, 왜냐하면 질문도 따라서 멈추기 때문이다. 나는 한동안 그저 발걸음과 숨이 되었다. 걷기와 휴식. 모든 것들이 서서히 사라져갔다. 예전에는 정말로 커 보이던 인생의 모든 자그마한 넌센스들이.

나의 정체성은 파괴되었다. 내가 모든 것들과 하나가 됨에 따라 나의 개체성은 죽임을 당했다. 오랫동안 걷는 일은 내가 나 자신과 타인들에 대해 가진 모든 부정적이고 긍정적인 감정들을 녹여버렸다. 나는 완전히 텅 비어버렸다. 그곳에는 닻이 없었고, 꽉 붙잡아야 할 거라고는 아무것도 없었다. 남은 것은 단지 존재에 대한 받아들임과 사랑뿐이었다. 다른 것들은 그저 죄다 터무니없는 것으로 느껴졌다. 내가 어린 시절 학습해서 세상에 내보인 '자아'는 상실됐고, 이제 나는 그것을 뒤에 남겨두고 떠나온 지가 너무 오래되어서 그 어떤 종류의 견고하고 변치 않는 '자아'도 구축할 수 없게 돼버렸다. 그것을 어떻게 구축하는지 모르기 때문이다. 가면 뒤에는 아무것도 없으며, 바로 그 침묵이야말로 그곳에 존재하는 것들 가운데 가장 경이롭고도 가장 완벽한 것이라는 사실을 나는 언제나, 시시각각으로 인지하고 있다.

나는 장애물을 둘러 가는 강처럼 흘렀고, 풍경과 기온에 따라 속도를 높이거나 줄였다. 때로는 회오리바람에 발이 묶여 한곳에 이삼일을 머무르기도 했다. 다른 곳에 있고 싶다는 생각은 거의 들지 않았기에, 서두를 필요가 없었다. 다섯 시간 혹은 열 시간씩 걷는다는 것은, 다섯 시간 혹은 열 시간 동안 한 번에 한 걸음씩 앞으로 나아가면서, 숲을 휘감고 지나 공기 중에 이른 뒤 나를 움직이는 피와 뛰는 심장과 근육 속으로 흘러들었다가 나갔다가 다시 흘러드는 야생의 생명체들 또는 바람 또는 강을 호흡하고, 보고, 듣는 일이다. 한 주나 두 주가 지나고 나면, 나는 그저 공기 중의 한 움직임이 되었다. 길 위로 떨어지는 돌의 소리가 되었다.

어느 시점에선가 나는 예선로를 떠났는데, 그게 어디였는지는 기억나질 않는다. 시간이 흐름에 따라 기억은 불가피하게 소모되고 재사용되며 스스로 재창조된다. 그때 나는 소년이었고, 이제 나는 늙었다. 나는 시골길과 버려진 기찻길과 강변길을 걸었다. 새로 피어난 꽃이 가득 매달려 있었지만 바람에 그 꽃이 모두 지고 만 야생 능금나무와 산사나무에 대한 파편적인 기억들. 수선화의 계절에서 블루벨의 계절까지 걸었고, 그런 뒤에는 수많은 민들레의 밝은 노란색 머리가 길 위로 너무 빽빽하게 날려 숨 쉬기 어려울 정도의 흰 씨앗 구름으로 바뀔 때까지 걸었다. 그러다가 날이 더 길어지고 따뜻해졌을 때, 그리고 걷기가 더 힘들어졌을 때, 나는 여전히 갈색으로 마른 채 서 있는 지난해의 산토끼꽃 옆에서 스파링을 하고 있는 옥스아이ox-eye 데이지를 보았다. 나는 카우 파슬리*와 야생 당근의 꽃이 꽉 움켜쥔 녹색 주먹에서 나타나 커다랗고 하늘하늘한 흰색 꽃무리로 자라서 벌과 꽃등에와 다른 날개 달린 곤충들을 주위로 불러들이는 것을, 그리고 수백만 송이의 디기탈리스가 열기 속에 시들어가는 것을, 그리고 미나리아재비가 긴 풀들 사이에 점점이 흩뿌려져 있는 풍경을 보았다. 나는 걸으면서, 고사리가 작고 곱슬곱슬한 어린잎에서 길게 갈라진 거대한 잎으로 변하더니 천천히 갈색으로 변해 죽으면서 다가오는 겨울에 대비해 내년에 피울 애잎을 꼭 만 채로 남겨둔 것을 보았다. 나는 개장미를 지나치면서, 그것이 붉은 열매에서 작은 분홍색 꽃으로 바뀌었다가 다시 푸른 열매로 돌아가는 모습을 보았다.

생울타리는 가장 진정한 의미에서의 야생의 장소 중 하나로, 무엇이든 꽃을 피울 수 있으며 벌과 다른 곤충들이 수분을 하고 새들이 둥지를 트는 곳이다. 삼림 지대의 가장자리를 닮은 길고 가느다란 야생의 장소랄까. 숲 가장자리에 자라난 산마늘의 기막힌 향기는 위험을 감수하고 그것을 조금 뜯어먹게끔 나를 유혹했고, 그 후 중독의 징후가 보이는지 잠시 살피도록 했다. 그해 말에는 블랙

* cow parsley. 매우 작은 흰 꽃이 가득 피는 유럽산 야생화.

베리와 다양한 사과가 열렸다. 나는 먹을 수 있는 식물들에 둘러싸여 있었다. 그중 맛있는 일부는 그 순간의 내 삶을 좀 더 수월하게 만들어줄 수도 있었고, 맛있는 어떤 것들은 나를 몇 시간 내로 죽일 수도 있었다. 그러나 훨씬 나중에 내가 보금자리를 마련하고 많은 걸 배운 책들을 모아 보관할 장소를 갖게 되기 전까지는, 그리고 황야에서 재미로 길을 잃기 시작하기 전까지는, 어느 것이 어느 것인지 나는 구분하지 못했다.

나는 먹이를 찾는 수백 마리의 떼까마귀와 갈까마귀가 모두 남쪽을 향한 채 활보하며 닭처럼 땅을 쪼아대는 걸 보았다. 선회하다가 몸을 굽히며 급강하하는 매를 보았고, 새 중에는 하늘의 새, 나무의 새, 낮은 관목의 새, 땅의 새가 있다는 사실을 알게 되었다. 어두운 아침과 저녁에는 우듬지에서 노래하고, 밤에는 관목의 보금자리에서 쉬고, 낮에는 땅 위에서 먹이를 찾는 검은지빠귀들을 보았다. 낮은 나무에 둥지를 틀고 그곳에서 먹이를 찾는 울새들. 무리를 지어 관목에서 관목으로 휙휙 날아다니는 작은 새들. 나는 법을 배우고 있는 새들을 보았고, 나를 지켜보는 올빼미와 산비둘기도 보았다. 양들이 태어나는 모습과 갓 태어난 생명들이 죽는 모습도 보았다. 까마귀들에게 공격당한 갓 태어난 어린 양, 둥지에서 떨어진 새들, 숲속 빈터에 죽어 있었음에도 1킬로미터 떨어진 곳까지 그 냄새를 풍기던 죽은 양, 나무 아래에서 죽어가는 여우. 로드킬을 당한 엄청난 수의 동물들. 나는 야생 동물들이 자신의 보금자리에서 편안히 늙어 죽지 않는다는 사실을 알게 되었다.

늙은 언덕에 홀로 있는 늙은이
늙고 굽은 오크나무와 산사나무 가득한
숲 가장자리를 구부정하게 걷고 있네
낮게 뜬 태양이 내리쬐는 볕에
이끼 덮인 나뭇가지는 김을 뿜어내고

나는 오직 한 번에 한 걸음씩만 걷지
수천 번의 발걸음을
한 걸음씩 번갈아가며 걷고
그때마다 내디딘 발이 아닌 나머지 발은
아래를 내려다보네

주위를 부유하며 나를 휘감는
기다란 거미줄, 턱수염에 붙은 작은 거미 한 마리
나는 풀 벤 초원 위에 불가사리처럼 드러눕고 싶어
새들과 수많은 곤충들이
나를 명주실로 둘둘 휘감은 채
구름 한 점 없이 무정하고 차가운 하늘로 데려가 줬으면
뼈처럼 흰 겨울이
모두에게 찾아오기 전에

그리하여 몇몇은 최후를 맞이하기 전에

나는 오크나무 그리고 튼튼하지

하지만 나무는 진흙이 되고

나는 이 그늘 없는 차가운 초원의 흐름일 뿐

늙은 여우는 죽음으로써 자신의 영토를 자유롭게 하여

배고픈 새끼를 살게 하겠지

이 여우는 앞날을 내다볼 줄 아네.

두더지들 2

두더지의 성별을 확인하는 것은 어려운 일이다. 암컷과 수컷의 외부 생식기가 거의 똑같이 생겼기 때문이다. 암컷은 수컷의 성기만 한, 대략 3밀리미터 길이의 음핵을 지니고 있다. 그것은 분홍빛을 띠며, 두더지의 배를 꼭 쥐면 밖으로 튀어나와 식별이 쉬워진다. 다만 암컷에게 질구는 없다.

과거에는, 모든 두더지가 수컷이었다가 짝짓기 철이 되면 그중 절반이 암컷으로 변한다고 믿었다. 내가 읽은 어느 책에서는 암컷 두더지가 진정한 자웅동체라고 말한다. 그에 따르면 두더지의 암컷은 난소를 가지고 있지만 테스토스테론을 생산하는 고환도 갖고 있어서, 이로 인해 1년의 대부분 동안 침입자에게는 공격적이고 자신들의 영역에 대해서는 방어적이 된다. 그러나 짝짓기 철에는 테스토스테론이 적게 생산되고, 따라서 암컷은 수컷이 다가와 교미하는 걸 허용한다. 암컷의 테스토스테론 수치가 떨어지면 생식기가 발달하게 된다. 새끼를 낳고 나면 암컷의 테스토스테론은 증가하고, 질은 닫히고, 암컷은 또다시 공격적인 성향을 띤다.

짝짓기 철인 2월 무렵에 암컷은 자신의 굴속에 축구공 하나 크기의 보금자리를 만들고는 낙엽과 잔가지로 안을 채운다. 두더지는 놀라운 후각을 가지고 있어서, 수컷은 어느 정도 떨어진 거리에서도 굴에 있는 암컷의 냄새를 맡고는 그곳으로 향하는 직선상의 굴을 파거나 심지어 육로로 이동하기도 한다고 들었다. 녀석들은 짝짓기를 하고, 그러고서 수컷은 다른 짝짓기 상대를 찾기 위해 밖으로 달려간다. 짝짓기 철이 끝나면, 수컷들은 모두 자신의 본래 굴 조직망에서 보내는 혼자만의 삶으로 돌아간다. 29일 후, 그러니까 4월이나 5월 무렵, 암컷은 서너 마리의 새끼를 낳는다. 새끼들은 아직 털이 없고, 살아있는 먹이를 먹기 시작하기 전까지는 어미의 젖을 빨며 보금자리에 머물 것이다. 어미는 출산을 하자마자 다시 곧 테스토스테론을 생산하기 시작한다. 암컷의 모성 본

능은 서서히 사라지고, 새끼들이 태어난 지 5주나 6주가 되는 늦봄이면 암컷의 육아는 끝이 난다. 어미는 새끼를 자신의 굴에서 내쫓는다. 새끼들은 한동안 먹이를 찾아 맹목적으로 풀 위를 배회한다. 대부분의 새끼는 이 시기에 새들에게 잡아먹히고 말 것이다. 모든 종은 홈리스일 때 포식자의 먹잇감이 된다.

자연은 수없이 많은 모든 것들을 생산해 내고 그것으로 모든 틈을 메운다. 자연은 하나의 개체에 신경 쓰지 않는다. 더욱더 많이, 수십억 개체를 더 만들어내기란 쉬운 일이다. 각각의 인간과 두더지와 잠자리, 각각의 민들레와 풀잎은 낡아서 못 쓰게 되고 교체된다. 일단 생명이 시작되고 나면 자연은 간단하고도 쉽게 지속될 수 있는데, 모든 생명체는 번식을 하도록 되어 있기 때문이다. 만일 높은 출생률이나 가뭄 때문에 개체 수가 공급 식량을 넘어선다면, 그때는 예컨대 모종의 균형이 이루어질 때까지 많은 수의 개체들이 죽게 된다.

결국 살아남은 두더지들은 새들로부터의 피난처를 마련하기 위해 자신의 굴을 파기 시작하거나, 또는 지난해 덫에 걸렸거나 아니면 다른 이유로 죽은 두더지들이 남겨놓은 빈 굴속으로 들어갈 것이다. 녀석들은 자신의 독립적인 삶을 시작하고, 나는 부름을 받고 와서 굴을 고

치거나 새로운 굴을 파기 시작한 녀석들을 잡는다. 두더지의 삶은 투쟁으로 가득하다. 녀석들은 자신의 공간에 있으면서 먹고 잠자고, 그러다가 죽고, 그러면 또 다른 두더지가 그곳에 들어와 자리를 잡고는 미로를 돌아다니며 먹고 잠잔다. 일단 이러한 사실을 알고 나면 녀석들을 쉽게 잡을 수 있다.

두더지의 평균 수명은 대략 4년이다. 녀석들은 네 번의 짝짓기 철을 맞이할 것이고, 자식을 만들고 나면 모든 생명체가 그러듯 더는 필요 없는 존재가 된다.

내 오른쪽으로 보이는 진흙 강은 이제 높고 빠르게 흐른다. 올겨울에는 비가 많이 왔지만, 오늘 이곳의 들판은 건조하고 서리가 내려 있다. 북쪽으로 80킬로미터 정도 되는 곳에 있는 브레콘 비콘스에선 흠뻑 젖은 짙은 흙을 흘려보내고 있다. 비는 더 내릴 것이다. 비 냄새가 난다. 저 육중한 강은, 물빛이 푸르고 수위가 낮은 여름이면 물에 잠긴 머리카락처럼 수초를 천천히 흔들며 수면 위로 모습을 드러내지만 지금은 깊이 숨겨져 있는 바위들 위로 잿빛 진흙을 밀어낸다.

나는 보드랍지만 흙으로 더러워진, 두꺼운 무명 몰스킨* 옷을 입고서 돌들로 경계가 나뉜 들판에 서 있다.

근처의 까마귀들은 철조망에 걸린 양털 조각 위를 맴돌고 있다. 부드러운 바람이 방향을 틀어 내 피부를 쓰다듬는다.

열다섯 살 되던 해, 북잉글랜드의 탄광 지역에 있는 학교를 떠나면서 나는 두더지의 삶을 벗어났다. 광산의 책임자는 키가 190센티미터에 달했던 내가 "너무나 커서" 머리가 깨지고 등이 부러질 수도 있을 거라 말했다. 동네에서 펍을 운영하던 아버지는 나를 그곳으로 내려보내 내 주변의 힘세고 다부진 팔 짧은 남자들처럼 벽에서 석탄을 긁어내게 하려고 했다. 숨어 있는 외로운 두더지는 내 관심을 끌지만, 우리는, 두더지와 나는 같은 존재가 아니다. 나는 구멍에 맞지 않았다. 그 대신에 나는 수습생 신분으로 철강 작업을 시작했다. 거대한 강철판을 용접하고, 자르고, 뚫고, 굴리고, 구부렸다. 나는 그곳에 그리 오래 머물진 않았다. 채 1년도 안 되어, 나는 보금자리에

* moleskin. 두더지의 모피처럼 부드럽고 튼튼하다고 하여 이름 붙여진 면직물의 한 종류. 노동자들의 작업복에 많이 사용된다.

서 쫓겨났다. 나는 걸었다. 집의 냄새는 그 어디에서도 맡을 수 없었다.

나는 야외에서 떠돌던 삶에 다시 이끌린다. 그리고 땅과 관련된 이 일, 이젠 시한이 얼마 남지 않은 이 직업에서 은퇴하고 나면, 배낭을 가득 채우고 또다시 한동안 바깥을 걸어 다녀볼까 생각한다. 하지만 나는 페기에게서 너무 오래 떨어져 있는 걸 견디지 못한다. 나이가 들어가고 삶이 점점 느려지고 편안해지면서, 나는 종종 야외에서의 삶이 주는 달콤씁쓸한 기쁨과 단순한 자유에 대해, 밤이 내리는 동안 마른 잔가지나 잎사귀를 모아 만든 담요를 두른 채 작은 생울타리 오크나무의 잎사귀 사이로 하늘을 올려다보고 가장 높은 나뭇가지에서 노래하는 검은지빠귀의 실루엣을 쳐다보던 그 시절에 대해 생각한다.

그것은 걱정이 없는 삶이었다. 나는 살거나 죽을 것이었고, 어느 쪽이 됐든 아무 상관 없을 것이었다. 심지어 한번은 잔교 아래에 누워 굶주린 채 내가 죽어가고 있다는 생각에 슬픔을 느꼈지만, 나는 그런 상황에서 슬픔을 느낀다는 것은 지극히 납득 가능한 일이라고 판단 내리기도 했다. 작별은 슬프다. 삶에서 슬픔을 피하기란 불가능하다. 물론 행복은 더 쉽게 피해지는 것 같지만. 나는 언젠가 일부러 죽으려고도 해보았지만, 지금은 여전히 이곳에 있고, 삶은 늘 저 나름의 방식으로 이겨내왔다. 그래서 어느 순간부터 나는 애써 나 자신을 위한 선택을 내리길 그만두었다. 선택은 내가 내리는 것이 아닌 듯 보였고, 나는 삶이 그냥 일어나도록 내버려두기 시작했다. 그러는 편이 훨씬 기분 좋게 느껴진다. 나는 그것을, 그저 날아와 둥지를 틀고 먹이를 먹고 새로운 새를 낳은 새들로부터, 그리고 그냥 느릿느릿 기어 다니고 먹이를 먹고 새 고슴도치를 낳은 고슴도치들로부터 배웠으며, 그들은 모두 죽어서 제때에 진흙으로 돌아갔다.

평생 일하고, 가족을 꾸리고, 집을 찾아내고 나니, 여느 노동자 계급 사람처럼 안심이 된다. 까마귀와 두꺼비와 산사나무, 그리고 비와 바람과도 또 한 번 동질감을 느끼게 된다. 나는 그들이고 그들은 나다. 나는 일찌감치 자만심을 버렸고, 나 자신이 내 주변의 세상과 구별되길 원치 않는다. 나는 수십억의 타자들과 함께 초원에 사는 그저 또 한 마리의 동물, 또 한 그루의 나무, 또 한 송이의 야생화일 뿐이다. 각각이 저 나름대로 특별한, 각각이 저마다 다른 방식으로 다른 것들과 비슷한, 각각이 생존하려 애쓰는 자연의 또 다른 표현에 불과한 타자들과 함께하는. 그저 평범하게 존재한다는 사실에서는 무언가 깊은 장엄함이 느껴진다.

나는 내 주위를 끊임없이 돌고 도는 자연 속에서 생존하는 법을 알고, 그것과 사랑에 빠져 있다. 나는 그것이 늘 하던 대로 행동할 거라고 믿으며, 그것이 위험할 거라고 예상한다. 자연은 우리의 안전에 신경 쓰지 않는다. 편안하고 안전하기 위해 나는 알아차리는 법을 배웠고, 그러기 위해 나는 내 안에서 일어나는 대화를 잠재워야 한다. 뭔가가 잘못되면 내 몸이 그렇다고 말해줄 거라고 믿어야 한다. 그러기 위해서 나는 귀 기울여 들어야 하고, 혼자가 되어야 한다.

황혼과 하늘이 황동빛으로 변하고
나는 집과 가정으로 돌아가는 대신
바깥의 나뭇가지 아래 머물며
차가운 돌담에 밤이 찾아오는 모습을
앞이 보이지 않게 되고서도 한참이 지날 때까지 바라보고
    싶네

어둠이 내릴 때, 그 어둠은 죽음이 그렇듯
최후의 순간 같지만, 그렇게 조용하지는 않아
작은 것들이 더 큰 잠든 것들 위를
돌아다니고 바스락거린다
오직 가장 작은 것들만이 물어뜯는 법이지

나는 이 숲속에서 잠자는 게 좋네
나의 선조들처럼
동물들의 땅에서 잠들며
부랑자가 되어
새들과 함께 꿈꾸며

삶의 튼튼하고 오래된 나뭇가지에 붙들린 채

이끼가 잔뜩 낀 오크나무 밑동에서 둥글게 말린 채

마지막 빛이 점점 희미해져 가고

차가운 12월의 평평한 하늘이

잔가지에 긁히는 걸 지켜보며 나는

안전함을 느끼네

들판 위에서

두더지는 산소가 적은 어둡고 축축한 환경에서 산다. 굴 파기는 힘든 일이고, 근육을 움직이려면 많은 양의 산소가 필요하다. 두더지의 피에 들어 있는 헤모글로빈은 다른 동물들의 피보다 훨씬 더 많은 산소를 운반할 수 있으며, 특이하게도 두더지는 자신이 들이마신 숨을 재호흡함으로써 그로부터 최대한 많은 양의 활력을 얻어낼 수 있다. 불리한 점이라면, 두더지의 피는 잘 응고가 되지 않아 출혈로 쉽게 목숨을 잃는다는 것이다. 듣자 하니 연구자들이 두더지 피의 유전자를 변형하여 인간에게 어떻게 사용할 수 있을지 검토하고 있다고 하는데, 과학자들의 의도가 무엇일지 궁금하다.

땅에 무릎을 꿇고 두더지의 굴을 개방하면, 그 굴은 갑자기 신선한 공기로 채워진다. 그러면 두더지는 어디에 있든지 간에 이 사실을 재빨리 알아차리고는 족제비나 담비가 굴에 침입해 자신을 잡아먹으러 오고 있다고 생각할 것이고, 따라서 녀석은 신선한 공기가 어느 방향에서 들어오는지 파악하고서 냉큼 굴을 다시 메우려 할 것이다. 그것은 자동적으로 일어나는 반응이며, 선택의 여지는 없다. 인간과 개를 제외한 모든 생명체들처럼 녀석들은 위험으로부터 달아나고, 그래서 만일 두더지를 잡고자 한다면 재빠르게 움직여 다른 곳들로부터 들어오는 공기로 녀석을 혼란스럽게 만들어야 한다. 그래야 녀석이 어느 쪽에 구멍이 생겼는지 알 수 없을 것이기 때문이다.

나는 수년간 써온, 챙이 넓고 방수 처리가 된 면 재질의 모자를 쓰고 작업을 한다. 그것은 원래 녹색이었는데 이제는 마른 흙 때문에 갈색이 되었고 축축한 흙냄새가 난다. 두더지 사냥꾼들을 찍은 옛날 사진들 속에서, 그들은 늘 낡고 챙이 넓은 모자를 쓰고 있다. 이 모자는 두더지잡이 도구의 일부다. 이것은 내가 땅을 살펴보는 도중에 비가 내릴 경우 몸이 젖지 않게 도와주기도 하지만, 그 주된 기능은 내가 판 구멍들을 재빨리 덮어서 그 안으로 빛이 들지 않게 하고 더 많은 산소가 들어가지 않도록 하는 것이다.

비가 올 때는 가급적 일을 피하려고 한다. 진흙이 도구에 들러붙는 데다가, 빗속에서는 땅을 파기도 힘들다. 그리고 또한, 만일 기분이 좋지 않은 상태라면, 천둥 번개가 치는 동안 진창이 된 들판에서 진흙 범벅이 되어 차고 젖은 손으로 질척거리는 죽은 두더지들을 구멍에서 끄집어내고 있는 스스로의 모습에 마음이 어두워질 수도 있다. 물론 어쩌다 그런 일이 실제로 생기기도 한다. 나는 일단 땅에 덫을 설치하고 나면 매일 그것들을 확인하러 가고 싶어 하는 편이고, 혹여 날씨가 변하더라도 그냥 그 상황에서 일을 해야만 하기 때문이다.

들판 끝에서 물을 뚝뚝 떨어뜨리고 있는 호랑가시나무들을 지나갈 때, 그것들의 이파리는 녹아가는 서리로 인해 그늘 속에서 엔진 오일처럼 번드르르하고 검게, 어두운 입술 모양으로 젖은 채 빛을 낸다. 그것들은 곁을 스쳐 가는 나의 얼굴에 물방울을 튀긴다. 호랑가시나무의 열매들은 어둠 속에서 환하고 깨끗한 빛을 발하고, 나무 안의 그늘에는 울새가 앉아서 매우 큰 소리로 노래를 부르며 자신이 그 영역의 주인임을 알린다. 나뭇가지들 사이에는 오래된 찌르레기 둥지, 칼스버그 맥주 캔, 감자칩 봉지(치즈 앤 어니언 맛)가 있다. 나무 밑동 주변으로는 아주 오래된 두더지 언덕들이 고리 모양을 이루고 있는데, 무너진 언덕들 안에는 민들레와 기는미나리아재비가 자라고 있다. 이 오래된 언덕들에서 그 식물들이 다시 자라나려면 수년은 걸릴 것이다. 두더지들은 지표면 위로 흙을 퍼내는데, 그러면 그 흙에 깔린 식물에는 빛이 들지 않게 되고 그것들은 죽는다. 이 흙에는 씨앗이 들어 있고, 두더지 언덕이 나타나고서 몇 주 이내로 그곳에는 날씨에 상관없이 일종의 잡초가 자라나기 시작할 것이다. 어떤 씨앗들은 발아에 적당한 조건을 만나기 전까지 땅속에서 오랜 세월 살아 있을 수 있다. 과학자들은 아직 그 한계 시점을 알아내지 못했고, 얼마 전 나는 천 년이 지나서 발아한 씨앗에 관한 글을 읽기도 했다. 식물들은 베어지거나 뜯어 먹히기 전에 씨앗을 뿌릴 기회를 거의 얻지 못한다. 그래서 더 넓게 퍼지려면 오로지 기존의 뿌리에서 새로운 싹을 틔우는 수밖에 없다. 하지만 두더지 언덕 내부의 공간은 그런 일이 일어나기 한참 전에 잡초로 채워질 것이다.

대지 위에 똬리를 틀고 있는 이 지표면의 굴들을, 나는 그냥 지나친다. 나는 지표면의 굴에서 두더지를 잡는데 한 번도 성공해본 적이 없다. 그렇지만 들판 저 먼 곳에선 이 굴이 더 깊은 곳까지 내려간다.

호랑가시나무에 앉아 있는 울새는, 아주 작지만 분명 가장 용감한 생명체 중 하나일 것이다. 나와 50센티미터도 떨어져 있지 않은 녀석은, 노래를 멈추고는 머리를 내 쪽으로 돌리고 왼쪽 눈으로 내게 초점을 맞추더니 양쪽 눈으로 나를 유심히 노려본다. 한동안 우리는 서로를 그냥 쳐다본다. 그러다가 녀석이 다시 소리를 지르기 시작하고, 나는 발걸음을 옮겨 들판의 가장자리를 계속해서 걸어간다. 내가 그리 멀리 가기도 전에, 녀석은 이미 나를 앞질러 버드나무에 앉아 또다시 내 앞에서 노래를 하고 있다. 울새는 사람들이 땅을 파헤친다는 사실을 안다. 그래서 녀석들은 먹이를 찾기 위해 우리를 따라다닌다. 나는 녀석들을 볼 때마다 행복을 느끼고, 때로는 특정한 울새가 지난번에 이곳을 찾았던 나를 알아볼지 모른다는 느낌을 받기도 한다.

가마우지처럼 생겼지만 머리가 갈색인 새 한 마리가 (나는 그 새들이 모두 검은색인 줄 알았다) 강둑에서 나를 보더니, 자신의 꼬리를 보이고는 하류로 날아간다. 이곳에는 쳐다볼 사람도, 지켜볼 사람도 없고, 내가 이른 아침의 햇

살을 맞으며 노래하는 새들과 함께 이곳에 있다는 사실을 알 사람도 없다. 겨울 해가 떠 있고, 나뭇가지들의 실루엣 사이로 쳐져 있는 비단 같은 거미줄은 수면 위의 잔물결처럼 반짝거린다.

나는 여러 개의 두더지 영역을 발견했다. 그 대부분은 들판 가장자리 주변에 있으며, 나무들 아래에는 몇몇 주요한 굴들이 있을 것이다. 이곳에서는 두더지들의 활동이 매우 활발하다. 걸어가다가 내 오른쪽 어깨 너머로 한 남자가 서서 나를 지켜보는 모습이 언뜻 보였는데, 인사를 하려고 몸을 돌리자 그곳에는 아무도 없다. 나이가 들어가면서 내게는 이런 일이 자주 생긴다. 어쩌면 자꾸 돌아와서 지켜보는 사람은 나인지도 모른다.

잎으로 덮인 내 부츠는 서리 낀 풀 위에 발자국을 남기고, 나는 늙었다는 사실에 감사한다. 나는 쉴 수 있으며 서두르지 않아도 된다. 늙는다는 것, 느려진다는 것은 좋은 일이다. 두려워하거나 얻거나 잃을 것이 전혀 없어진다는 것은 좋은 일이다. 나는 원하면 그냥 춤을 출 수도 있고 잠을 잘 수도 있다. 나는 들판의 맨 아래쪽에서 몸을 돌리고는 다시 고개를 든다. 또다시 걸어가야 하는 긴 미로와도 같은 길. 내가 미노타우로스*라고 상상해본다. 나는 콧김을 내뿜는다.

앙상한 물푸레나무들의 감옥 사이로, 저 멀리 서리 낀 푸른 언덕이 빛난다. 이곳에는 나의 집이 있다. 사방이 고요한 가운데 추위가 내 피부를 얼얼하게 하고, 나는 그 느낌을 즐긴다. 적갈색 낙엽이 부서지는 소리가 난다. 지금은 산들바람이 전혀 불지 않고, 하늘은 아무것도 걸치지 않은 채 벌거벗었으며, 내가 지금 서 있는 대지 또한 그러하다. 기다린다. 높이 뜬 한 줄기의 흰 구름. 이 아래에서는 느려 보이지만, 저 구름은 아마도 어느 따뜻한 곳으로 빠르게 움직이고 있는 거겠지? 언덕 저 위쪽으로는 사람들이, 신이 나 움직이고 있는 사람들이 있다.

나는 또다시 땅을 내려다보며 덫과 다른 도구들을 두고 온 들판 꼭대기를 향해 발걸음을 옮긴다.

우리, 페기와 나는 늙어가고 있고, 가정을 꾸려 함께 살고 있으며, 나는 그곳에 있고 싶다. 우리는 자유롭다. 우리는 우리가 원할 때 언제든 먹을 수 있다. 우리는 갈 형편만 되는 곳이라면 누구의 허락도 필요 없이 어디든지 갈 수 있다. 우리는 서로 얼굴을 마주하지만 맞대지는 않은 채, 하지만 우리 사이에 산소가 남지 않을 때까지,

* 그리스 신화에 등장하는 괴물로, 인간의 몸에 황소의 머리와 꼬리를 지녔다.

우리 중 하나가 마침내 고개를 돌리거나 죽을 때까지 서로가 내쉰 숨을 계속해서 들이마실 수 있다. 우리는 여러 해를 거듭하며 서로를 더욱 사랑하게 되었다. 페기는 우리가 사랑을 거꾸로 하고 있다고 말했다. 우리는 처음에 열정적으로 사랑했어야 했고, 그 사랑은 무뚝뚝한 중년에 접어들면서 지금쯤은 사그라들었어야 했다고. 그것이 우리가 헤어질 준비를 하도록 하는 자연의 방식이라고, 페기는 말했다. 그런 뒤 페기는 슬퍼졌고, 나이와 죽음에 대한 생각과 우리 중 하나는 결국 다른 하나를 잃을 거라는 생각에 눈물이 가득 고이고 사랑스러운 얼굴을 찡그린 채, 슬픔은 우리가 사랑을 위해 지불해야 하는 대가라고 말했다.

바야흐로 변화의 기로에 서 있는 나는, 나의 정원사 시절이 머지않아 끝날 것임을 알고 있다. 나 자신의 삶이 느려지고 차분해지고 있기 때문이다. 나는 그리워할 것이다. 일하는 동안 내 팔뚝만큼 기다란 잠자리 두 마리가 딱 붙어서 내 머리에 닿을 듯 말 듯 낮게 날던 모습을. 내 집게손가락만큼이나 커다란, 내 손바닥 위에서 저항하며 몸을 일으켜 세우던 박각시나방 애벌레의 모습을. 내가 잘라낸 줄기들이 쓰러지면서 드러난 작은 굴들로 도망치는 들쥐와 그 녀석들을 사냥하며 선회하던 매들을. 방수포 덮인 퇴비 더미 위에서 잠을 자는 풀뱀들을. 막다르고 후미진 곳에 사는 두꺼비를. 낙엽 속에서 먹이를 찾는 느린 지렁이들을. 곱슬하게 말린 잎들 속에서 떼를 지어 잠을 자거나 벽의 틈 안에서 견과처럼 무리를 짓고 있는 달팽이들을.

페기는 내가 이 일을 그만두길 바란다. 페기는 내가 휴대폰도 터지지 않는 이곳에 있는 것을 걱정한다. 페기는 내게 "무슨 일이라도 생길까 봐", 그리고 그런 상황에서 누구도 나를 발견하지 못할까 봐 걱정한다. 나는 내가 매일 어디에 가는지 아무에게도 말하지 않는다. 내 다이어리는 내 휴대폰에 있고, 휴대폰은 나와 함께 있다. 언덕의 그림자 속에서 휴대폰은 신호가 잡히질 않는다. 나는 유령이다. 나는 일을 즐기는 대신 내가 땅에 쓰러지게 될 가능성에 대해 생각한다. 그렇게 된다면 누가 나를 발견하겠는가? 나는 어쩔 수 없이 죽음에 대해 곰곰이 생각할 수밖에 없다. 나는 점점 더 늙어가고 있고, 심장에 문제가 있으며, 쉽게 지친다. 이런 생각들은 내 기분에 영향을 끼치고, 나는 이 세상에 완벽한 것은 없음을, 완전한 것은 없음을, 그리고 결코 완결되는 것은 없음을 스스로 상기

시킨다. 나는 휴대폰에 그에 대한 짧은 시를 한 편 쓴다.

내 머리는 마른 낙엽들
바스락거리고 부스럭거리는 생각들
무가치한 소음으로 채워진
오래된 갈색 주전자

내 발은 진흙으로 가득 차 있고
어디로도 가지 않는 오래된 부츠
#두더지사냥꾼

나는 내 최후의 시간을 보낼 장소로 이보다 더 좋은 곳을 떠올릴 수 없다. 나무에서 떨어진 씨앗이 핑그르르 돌다가 서리 위에 떨어지는 걸 지켜본다. 여기에는 아무 의미도 없다. 그러곤 내가 걷는 동안 울새가 다시 내 발치에서 노래하고, 햇빛이 내 등을 때린다. 그리고 나는 꼬리에 꼬리를 물고 이어지는 생각에서 서서히 벗어나며 또다시 행복감에 젖는다.

나는 원래 알 수가 없는 것은 모를 수밖에 없다는 사실을 인정해야 한다는 것을, 정신을 맑게 하고 생각들을 지나가게 해야 한다는 것을, 그리고 나 자신을 가능성과 비옥함으로 붐비는 조용한 자연으로 채워야 한다는 것을 떠올린다. 나는 그것을 '원시로의 회귀'로, 내가 나온 원생액原生液*으로 돌아가는 것으로 여긴다. 발을 차례대로 한 걸음 한 걸음씩 계속해서 평생을 내딛는 데에는 어딘지 모르게 성스러운 기운이 있다. 먹고 걷고 잠자는 데에는. 이 들판을 걸으며 두더지를 찾는 데에는. 고지서 요금을 내는 데에는. 우리의 낮과 밤을 함께 보내는 데에는.

나는 숲 가장자리의 솔잎 침대에서 깨어나던 때를, 그리고 들판 위로 태양이 떠오르는 순간 아침을 쳐다보던 때를 떠올린다. 바닥과 낮은 나뭇가지들, 나무의 몸통과 줄기와 몇몇 덤불이 황금빛으로 환하게 변하며 찾아왔던 완벽한 한순간. 불타오르는 빛이 수평으로 쏟아지며 관리된 나무들 아래로 나무 몸통의 긴 그림자를 줄지어 드리웠는데, 태양은 너무도 빨리 나뭇가지들 위로 떠올라 숲 가장자리를 다시 그늘로 되돌려놓곤 했다. 완벽의 순간은 늘 짧다. 나는 밤을 보내기 위해, 그리고 태양

*soup. 지구상에 생명을 발생시킨 유기물의 혼합 용액.

이 반대편으로 지면서 그 광경이 또 벌어지는지 확인하기 위해 그날 숲의 반대쪽 가장자리를 찾아갔지만 그 밤에는 분명 구름이 꼈던 것 같다. 왜냐하면 나는 그곳을 찾아간 것만 기억나지, 그 결과는 기억이 나지 않기 때문이다. 그때의 황금빛을 생각하다 보니 다른 기억들이 깨어나 물밀듯이 밀려온다. 한 줄로 꿴 진주 목걸이처럼.

얼어붙을 듯이 추운 어느 아침에는, 강변에서 깨어나 짙은 안개 속에 눈을 떴다. 내 눈에는 하얀 안개 사이로 비치는 작은 불빛 말고는 아무것도 보이지 않았다. 나는 담요를 두른 채 자리에서 일어섰는데, 그 담요는 털투성이 겉면에 매달린 수백만 개의 물방울로 뒤덮여 있었다. 나는 내 가슴까지 오는 안개를 뚫고 일어나 소용돌이치는 지표면을 내려다보았다. 안개가 너무 짙어서 내 발조차 볼 수가 없었다. 강변 길 바깥쪽으로는 제방이 세워져 있었다. 태양이 떠오르기 시작하면서, 나는 안개가 골짜기를 가로지르며 내 시야에서 최대한 멀리까지 좌우로 퍼져 나가는 모습을 볼 수 있었다. 나무들의 꼭대기와 관목들은 안개를 뚫고서 맑은 하늘로 튀어나왔고, 떠오르는 태양은 안개 위로 나무들의 그림자를 드리우고 있었다. 그것은 내가 본 가장 멋진 광경 가운데 하나일 것이다. 45년이 지난 지금도 그 모습은 오늘 아침에 벌어지기라도 한 듯 눈에 선하다.

나는 짐을 챙겨 마치 내 뒤의 연무 속에 잔물결을 남기며 움직이는 보트처럼 안개 사이를 걸었고, 점점 따뜻해지는 날씨에 걸어가면서 몸을 말렸다.

어릴 적 나는 모든 걸 알고 싶어 했지

이제 나는 늙었고 아무것도 알고 싶지 않아

내가 가진 것은 아무짝에도 쓸모가 없네

결국 유일한 진리는 숨뿐

꺼져 버리기 전에 내 모든 감각으로

이 순간을 붙들려는 욕망으로 가득한 숨

광대무변한 사방이 모두 어둠으로 가득한데

왜 빛을 비추려 몸부림을 치겠는가?

그건 말이 되지 않아

나는 그저 램프나 챙겨야지

어쩌면 어딘가에 비친

내 모습이나

보게 되겠지

산등성이 위, 들판 두어 개 떨어진 곳의 트랙터 한 대

운전수는 손을 흔들고 나도 답례로 손을 흔드네

심장이 뛰어, 기쁨의 마음으로

문득 달려가 인사를 하고 싶어지네

나는 여러 날 다른 사람을 보지 못했고

말을 잃어가기 시작했지

나는 사람의 목소리를 듣지 못했어
심지어 나 자신의 목소리도
아주 오래전에 나는
온갖 포식자들을 멀리하기 위해
짹짹거리고 으르렁거리듯 말하는 법을 배웠지

내 벗겨진 차가운 두개골을 뚫고 사슴뿔이 튀어나오고
　　있나?
나는 움직이는 숨과 심장 박동, 고작 그것에 지나지 않아
소리를 내려 기침을 해보네, 내가 실재하는지 느껴보려고

꿩이 풀 속에서 큰 소리로 울음을 터뜨리고
농장의 개가 멀리서 짖어대기 시작한다
이 소리들이 전하는 유일한 소식이란

"내가 여기 있어요."

무채색 냄새

비의 위협은 일단 지나갔지만, 그것은 하루가 끝날 때쯤 다시 돌아올 것이다. 대기는 고요하다. 흔들리는 공기의 음악도 없고, 내게 노래를 불러주는 바람이나 비도 없다. 심지어 귀의 이명도 희미해졌다. 하지만 냄새가 난다. 가까운 어딘가에서. 뭔가 죽은 것의 냄새가.

때까마귀 한 마리가 날개를 펼치고서 지평선에 걸친 나의 하늘을 가로질러 천천히 날아간다. 12월이고, 이제 본격적인 두더지잡이 철이 시작되었다. 우울함이 지나가고, 나는 오로지 그것이 지나가고 있음을 알아차리는 순간을 통해서만 애초에 우울함이 있었다는 사실을 알게 된다. 그것이 왜, 언제 찾아왔었는지 궁금하다. 그러고는 하루가 지나가듯 궁금증이 지나가고, 시간은 오후로 접어든다. 시간은 측정하기 어렵다. 해가 떠올라 구름 위에 낮고 단조롭게 머무르고, 그러다 늦은 오후를 향해 가며 다시 재빨리 지는데, 태양이 구름 아래로 떨어지면서 하늘이 환해지기 전에 기온이 떨어진다는 걸 나는 알아차린다. 낙엽은 흙으로 돌아가면서 달콤하고도 그윽한 냄새를 낸다. 우리의 냄새가 어우러지고, 우리의 본질이 뒤섞인다. 나는 공기의 냄새에서 비의 기미를 감지한다. 그것은 거기 있지만, 아직은 멀리 있다.

두더지의 후각은 녀석의 가장 강력한 능력이다. 두더지는 원시적인 뇌를 가지고 있다. 그것은 뱀의 뇌가 그렇듯이, 간이나 콩팥처럼, 부드러우며 홈이나 주름이 없다. 후각은 가장 원시적이면서도 가장 강력하고 환기력이 뛰어난 감각이다. 만일 우리가 후각을 잃게 되면 우리는 미각 또한 대부분을 잃게 된다. 내 코는 늘 막혀 있고, 나는 맛을 잘 못 본다. 여전히 비 냄새와 썩어가는 것들의 지독한 냄새는 맡을 수 있지만, 더 미묘한 냄새들은 맡지 못한다. 늙어간다는 것은 정지해가는 과정이다. 나는 부패에서 성장의 시작을 보는데, 왜냐하면 그것이 내가 세상을 보기로 한 방법이기 때문이고, 그것이 세상을 우아하고 시적으로 만들어주기 때문이며, 나에게는 종교가 없기 때문이고, 나는 정원사이며 그것을 매일 목격하기 때문이다.

폐기가 내게서 아름다운 냄새가 난다고, 스모키하고 오래된 위스키와 방금 흘린 땀과 기름의 냄새가 난다고 말해주었던 게 기억난다. 나는 자연 속에서 일하고, 내게서는 자연의 냄새가 난다. 한 해의 다른 시기마다 내게선 다른 냄새가 난다. 풀, 라벤더, 썩어가는 나무, 방금 자른 소나무, 비, 썩어가는 낙엽, 오래되고 폭이 넓은 강, 뜨거운 돌 위로 내리는 비, 젖은 양털, 진흙의 냄새가. 개와 고양이는 내 냄새를 아무리 맡아도 싫증을 내지 않는다. 야생동물들에게 나는 투명 인간이나 마찬가지인데, 왜냐하면 내게서 그들의 냄새가 나기 때문이다. 새와 곤충은 내 몸에 내려앉는다. 나는 내 옷깃에 보금자리를 튼 무당벌레들을 집으로 데려간다. 나는 투명 인간이 되는 게 좋다.

내가 작은 아이였을 때, 학교 성경책에서(우리 가족은 종교와는 거리가 멀었다) 몸에는 새들이 내려앉아 있고 발치에는 동물들이 모여 있는 성 프란치스코의 그림을 본 적이 있다. 나는 그렇게 되고 싶었고, 그래서 완전히 고요하게 서서 부드럽게 숨 쉬는 법을 연습했다. 나는 내가 그렇게 몇 시간 동안 한 그루의 나무처럼 서 있을 수 있다고 느꼈다. 새들과 함께 살던 시절, 나는 몇 시간, 심지어 며칠간 조용히 앉아 있거나 움직이면서 동물들이 나에 대해 안심하길 바랐다. 40여 년이 흐른 지금, 풀 위에 앉아 점심을 먹고 있으면 울새들이 내 따뜻한 부츠에 내려앉아서 나를 지켜본다.

울새는 화사해서 사람들의 사랑을 받지만, 두더지는 사람들에게 그런 감정의 대상이 되지 못한다. 인간은 두더지를 없애기 위해 상상할 수 있는 모든 방법을 시도해 왔다. 하지만 두더지는 영원하고 끝이 없다. 대부분의 장소에서 두더지는 덫으로 잡히지만, 건물들로부터 떨어져 있고 아이들과 동물들이 발을 들이지 않는 사유지, 즉 폐쇄될 수 있고 상주 관리인이 고용돼 있는, 이를테면 골프장 같은 곳에선 독살되기도 한다. 그런 곳에서 녀석들은 종종 굴속에 알루미늄 인화물 알갱이들을 무더기로 넣을 수 있도록 교육과 허가를 받은 직원에 의해 독살된다. 그 알갱이들은 땅에서 수분을 빨아들이면서 유독한 인화수소 가스를 내뿜는데, 아마도 이것이 굴속으로 흘러 들어가는 것 같다. 굴속에는 공기의 흐름이 적고, 따라서 그것은 낮은 곳들에 고일 것이다. 인화수소 가스는 몇 시간 또는 며칠이 걸리는 느리고 고통스러운 죽음을 야기하는데, 특히 두더지가 먼 거리에 있어서 흡입한 양이 적은 경우

더욱 그렇다. 인간에게 인화수소 가스는 호흡 곤란을 일으키고, 눈과 코와 목을 화끈거리게 하며, 메스꺼움과 구토를 일으킨다. 피부에 닿으면 화상을 입고, 충분히 높은 농도라면 유체가 몇 시간 내로 폐에 쌓여 24시간 후에는 결국 질식사로 이어진다. 들판처럼 통제되지 않은 환경에서 독살된 것들은, 사람들이 믿고 싶어 하는 것처럼 '그냥 편안하게 잠드는' 일이 드물다. 실제로 그 동물이 독을 얼마나 먹었는지는 알 수가 없고, 고통은 필연적이다.

숨어 있던 두더지들은 땅 위에서 골프를 치는 사람들 모르게 가스 공격을 당하고, 그러면 골프장의 문젯거리였던 두더지 언덕은 그냥 사라져 버린다. 골퍼들은 덫도, 죽은 두더지나 두더지 사냥꾼도 마주할 일이 없다. 살생이라는 지저분한 일은 처음부터 끝까지 조심스럽게 이루어진다.

이 가스를 들이마셨다가 죽은 아이의 가족에 관한 사례도 있다. 기록으로 상세히 남아 있는 그 사고의 원인은, 쥐가 땅의 틈에서 새어 나온 인화수소 가스에 중독된 채로 집 주변을 돌아다녔기 때문이었다. 이와 관련해 알려진 해독제는 없다.

아까부터 냄새를 풍기던 동물의 사체를 덤불 아래에서 찾았다. 여우 한 마리다. 아직 털이 풍성한 걸로 봐선

죽은 지 그리 오래된 것 같지 않다. 늙은 여우처럼 보이는 녀석은, 이곳 월계수 아래에서 자신의 최후를 맞이했다. 여우는 좋은 장소를 골랐다.

월계수는 빽빽하게 잘 자랐다. 정원사로 일하는 나는 보통 여름의 끝 무렵에 월계수 생울타리를 자르고 다듬는다. 전통적으로는 8월에 한다. 이렇게 해주면 월계수는 겨울이 오기 전에 새잎을 낼 시간을 충분히 얻게 되고 성장도 늦춰지게 된다. 월계수를 제때 잘라주면 그 일은 1년에 한 번만 해도 된다. 만일 월계수를 봄에 잘라준다면 나는 그해가 끝나기 전에 한 번 더 같은 일을 해야 할 것이다. 월계수의 잎은 크고 반짝거리는데, 휘발유를 사용하는 생울타리 절단기로 다듬으면 그것들은 손상되고 찢어지고 추해질 것이므로 깔끔하고 자연스러운 모습을 유지하기 위해선 손으로 가지를 쳐줘야 한다. 가장 좋은 방법은 전지가위로 나뭇가지를 일일이 잘라주는 것인데, 이는 시간이 많이 들고 따라서 비용이 많이 드는 일이므로 굳이 이런 일에 돈을 쓰길 원하는 고객은 많지 않다. 나는 운이 좋아서 그런 고객들이 있다. 나는 자르는 데 3일이 걸리는 월계수 생울타리 하나를 맡고 있는데, 일을 다 끝냈을 때의 그것은 사랑스러워 보인다. 손으로 가지를 칠 때 나는 늘 내가 그곳에 다녀가지 않은 것처럼 보이게 만들려고 애쓴다. 나는 잎이나 가지의 마디 가까운 곳을 잘라주고, 그러면 헐벗은 줄기들이 쑥 튀어나오는 일 없이 자연스러워 보인다. 전지가위로 하는 이 반복적인 중노동이 끝나고 나면 내 오른손은 한동안 제대로 움직이질 않는다. 내 손은 집게발처럼 굳어 있는데, 손가락을 움직이는 힘줄이 힘줄집 안에서 매끄럽게 움직이기에는 너무 부어올랐기 때문이다. 이듬해 봄 무렵에 대개 손은 정상으로 돌아온다.

월계수를 자르면 아몬드 향이 풍긴다. 잎과 가지에 청산가리 성분이 들어 있기 때문이다. 이를 모르던 정원사들은 과거에 이것 때문에 맥을 못 추곤 했다. 그 냄새가 심하게 나면 뒤로 물러나 가스가 공기 중에 흩어지길 기다려야 한다. 고요한 날, 청산가리는 생울타리 나뭇가지에 오래도록 남아 있다.

낮게 뜬 태양의 빛이 헐벗은 나뭇가지들 사이로 들어오며 그것들을 빛나게 한다. 내 주위로 자잘한 잔가지들이 갈라지고 떨어진다. 하늘 위론 말똥가리 한 마리가 선회하고, 주위의 작은 새들은 빠르게 날아 흩어진다. 곳곳의 그림자는 또다시 분홍빛으로 물든다. 벚나무들은 12월의 음산한 하늘을 배경으로 가만히 서 있다. 흩어진 구름 같은 작은 새 무리는 어느 나무에 내려앉을지 마음을 정하지 못한다. 실루엣만 보이는 또 다른 새는 첨탑처럼 솟은 소나무 꼭대기에서 노래를 부르고 있다. 잿빛 구름과 살짝 비 뿌리는 소리를 뒤로한 채, 그 새는 혼자 큰 소리로 노래를 부른다.

이곳의 겨울은 납작하며 흑백 느낌이 난다. 강철 같은 웨일스의 하늘. 그리고 언덕 너머로 잔뜩 몰려와 기다리고 있는, 석탄처럼 검은 육중한 구름. 거품처럼 일시적이고 부서지기 쉬운 나는, 양모로 몸을 감싼 나는 햇빛을 향하고 있는 헐벗은 나뭇가지들 사이로 걸어간다. 생울타리를 따라서, 여우가 향하는 장소로 걸어간다. 하일랜드 소*들이 있는 건너편 들판을 보면, 소년 시절 나의 스코틀랜드인 할머니가 내게 입혀주길 좋아하셨던 타탄 무늬 킬트가 떠오른다. 아버지가 더 이상 그 옷을 입을 수 없다고 말했을 때, 나는 울었다. 내가 일곱 살이나 다섯 살 때쯤 일이었을까? 나는 이때의 기억에 궁금한 점이 있다. 너무 오래된 기억이라 분명하지가 않다. 그건 나의 실제 기억일까, 아니면 내가 영화나 이야기에서 보았거나

* Highland cattle. 털이 길고 거칠며 뿔이 큰, 스코틀랜드 하일랜드 지방이 원산지인 소.

들은 기억일까? 내가 다섯 살 때쯤 밝은색 킬트를 입고 긴 회색 양말과 윤이 나는 밤색 브로그*를 신은 채 할머니의 손을 잡고 있는 사진이 있지 않았던가? 퍼레이드에서 행진하던 사진이? 나에게 대답해줄, 신뢰할 수 없는 과거로부터 남겨진 사람은 이제 아무도 없다. 내겐 가족사진이 없다. 그럼에도 불구하고, 나는 그 기억을 내 것으로 여기고 나 자신의 것으로 떠올린다.

철기 시대의 무덤이 남아 있고 마녀사냥을 당한 이들이 붙잡혀 교수형에 처해졌던 지역인 펜들 힐 근방의 돌담에 바싹 붙어 몸을 웅크린 채 하룻밤을 보낸 적이 있다. 펜들Pendle의 '펜Pen'은 웨일스 말로 '언덕'을 뜻한다. 그것은 랭커셔에 남아 있는 고대 북부의 언어적 유물로, 웨일스 대부분 지역에서 여전히 활발하게 사용되는 말이다. 나는 방수포 안에서 단단히 몸을 웅크린 채 눈과 입만 밖으로 겨우 내놓고서, 영영 끝나지 않을 것 같은 밤 동안 결코 지나가버리지 않을 것 같은 먹구름으로부터 억수같

*brogue. 가죽에 무늬가 새겨진 튼튼한 구두.

이 쏟아져 내리며 언덕을 난타하던 비와 빗소리를 보고 들었다. 단순하면서도 아마 명백한 사실일 텐데, 그것은 거의 참을 수 없을 만큼 아름다운 동시에 그만큼 참을 수 없이 외롭게 느껴졌다. 그 밤은 내게 이 두 감정이 서로 모순되지 않는다는 사실을 일깨워 주었다. 사랑하는 사람을 잃은 슬픔의 감정이 압도적이면서도 견딜 수 없는 것인 동시에 궁극적으로는 극복해낸 것이 될 수도 있듯이.

이곳의 오래된 돌담에 기대거나 혹은 그 돌담과 관련한 작업을 하다 보면, 역사와 연결되는 듯한 느낌이 든다. 어떤 돌담은 4000년도 더 전에 이 섬의 동물들로부터 곡물을 지키거나 밤에 짐승을 에워싸려는 목적으로 최초의 인간인 신석기인들에 의해 세워졌다.

때로 그런 곳에서는 여러 세대에 걸쳐 이런 담들 너머로 몸을 숙였거나 그것들을 만들고 수리했던 사람들의 삶을 쉽게 떠올리게 된다. 담은 인자한 자태로 그 자리에 있을 뿐이며 동물을 그 안쪽에 있도록 하거나 밖에 있게 하는 것 말고는 다른 어떤 기능도 없다. 나는 이 오래된 곳을 혼자 걷고 또 그곳 하늘 아래서 잠을 자면서 조상들의 유령을 두려워해 본 적은 한 번도 없지만, 때로는 그들이 떠난 지 그리 오래되지 않은 듯한 기분이 들기도 한다. 어쩌면 그들이 방금 막 죽은 것도 같은. 몇 해 뒤에 나는 돌담을 만드는 사람들 한 무리와 함께 산속으로 들어갔는데, 그곳에서 일주일간 돌담을 만들고 고치는 법을 배우기도 했다.

가끔은 내가 혼자 있다는 생각이 들 때면 대기가 불안정해진 느낌, 누군가가 근처에 있다는 느낌이 들었다. 그러면 내 감각들은 열의를 다해 그 감각의 중심으로부터 손가락처럼 펼쳐져 어둠 속을 더듬었다. 그런 느낌은 그냥 지나가 버려서 나를 다시 쉬게 하기도 했고 또는 지나가지 않기도 했는데, 후자일 때면 나는 그곳을 떠나도 될 만큼 충분히 밝아지기 전까진 경계를 늦추지 않고 온전히 깨어 있곤 했다.

내 등골이나 뒷골을 오싹하게 했던 곳들도 있다. 운하 위를 지나는 작은 도로용 벽돌 다리 아래, 만일 비가 왔더라면 하룻밤을 지낼 곳으로 선택했을지도 모르는 그곳을 걸었을 때가 그랬다. 그곳은 내 목을 덮고 있던 머리카락을 쭈뼛 서게 만들었다. 나는 그곳을 재빠르게 통과했다. 아주 기분 좋게 느껴졌던, 따뜻하고 다정해서 떠나려니 무척 슬픈 기분이 든 곳들도 있었다. 울타리 사다리를 기어오르고 들판을 가로질러 도착했던 작은 숲이 그랬다. 그곳이 어디였는지는 나도 모르겠다. 거기엔 땅에서 튀어나온 바위들도 있었다. 그 바위들은 따뜻했다. 그곳은 너무나 쾌적해서 나는 그냥 그곳에 머물다가 취침용 짚과 함께 흙으로 돌아갈 수도 있었다. 한편 음식이나 물이 없는 곳에 머물고 싶은 욕구가 그 장소를 위험한 곳으로 만들기도 했던 것 같은데, 하지만 결국엔 이동해야 할 필요성이 머물고 싶은 욕구를 이겨냈다.

나는 그런 좋고 나쁜 감정들이 왜 생겼는지 이론적으로 설명할 줄 모른다. 그런 것들에 관한 한 나는 실용주의자가 되었고, 더 이상 그것들을 이해하려고 애쓰지 않는다. 삶은 신비로 넘쳐나고, 그에 대한 대답들은 아주 적으며, 나는 그 대답들을 믿지 않는다. 나는 대답이 되지 않은 질문들을 더 좋아한다. 대답들의 끝에는 보통 아는 것처럼 보이는 데서 나오는 힘을 즐기는 사람이 있다. 나는 완성되지 않은 채로 남아 있는 것들을 좋아하게 되었다. 빛을 내는 것, 무언가를 찾는 것은 질문이다. 대답이란 종종 질문의 거대함에 비친 흐릿한 영상에 불과하다. 만족스런 대답이란 존재하지 않는다.

이것은 소소한 삶이고, 모든 것은 결국 아무것도 아닌 게 되고 만다. 나는 그게 좋다. 소소함이라는 개념이 좋고, 인간의 기본적인 것들이 주는 경이로움이 좋다.

할 일이라고는 싸우고 사랑하는 게 전부인
이 혹독하고 텅 빈 언덕에서
나는 싸움을 사랑하는 법을 배웠어

찾지 않는 법을 배움으로써 완전한 나 자신을 발견하네
그것은 여기 불어오는 이 바람 안에 있고
바람은 까마귀처럼 나를 선택된 장소로 데려가

모든 생명체 가운데 제일 영리한 내 친구 떼까마귀는
싸우지 않으면서 싸우는 법을 가르쳐주지
녀석은 강한 바람 속에 자신을 놓아버리거든

장난을 치면서 이리저리 불려 날아가는 녀석은
누더기가 되어 망가진 것처럼 보이는 녀석은
쉬려고 내려앉는가 싶더니 또다시 날아오르지

바람이 사람을 미치게 만든다는 말을 들은 적이 있는데
나는 아니야, 나는 재킷을 벗어버리네
바람이 내 셔츠와 피부를 잡아당기는 걸 느낄 수 있게

어쩌면 바람은 이미 내 마음을 앗아 갔는지도 몰라

어쩌면 그래서 내가 바람을 사랑하는지도.

닳아버린 것

대략 60년 전에 두더지 사냥꾼들은 두더지 킬러mole-killer들의 출현으로 위협을 받았다. 이들은 전통적인 두더지 사냥꾼에게 지불해야 하는 비용의 아주 일부만으로도 농부의 땅에서 두더지들을 없애주겠다고 제안했다. 그들은 지렁이가 들어 있는 잼 단지를 들고 다녔다. 스트리크닌에 흠뻑 적신 그 지렁이들을 두더지 굴 안에 놓아두는 것으로 두더지들을 죽였다. 두더지 사냥꾼들은 두더지 킬러들을 경멸했다. 그들은 일거리를 빼앗아 갔으며, 기술도, 전통도, 재주도 없었다. 그들은 돈에 정신이 팔린 지저분한 독살범들로 여겨졌다. 그들은 자신이 쫓던 두더지들이 죽었다는 증거를 보여주지 못했고, 장기적으로는 두더지 개체군 전체가 사라질 위험이 있었다. 사냥의 기술은 한동안 대량 살상용 화학 무기로 대체되었다.

지렁이는 독으로 죽진 않지만, 지렁이를 먹은 동물들은 독을 소량이든 대량이든 섭취했다. 스트리크닌은 지렁이나 죽은 두더지를 먹은 가축과 맹금류가 서서히 2차 중독을 일으킨 원인이 된 무시무시한 독이다. 중독된 지렁이를 먹고 죽어가는 새를 잡은 집고양이는, 아주 느리고 고통스러운 죽음에 빠져들게 된다.

2006년, 영국 정부의 강한 반대와 두더지 킬러들의 로비에도 불구하고, 어떤 용도로든 스트리크닌을 사용하는 것은 그것이 환경에 끼치는 위험성 때문에 유럽 연합에 의해 금지되었다. 두더지 킬러들은 자신들의 수입을 잃었다. 스트리크닌은 더 이상 사용되지 않았고, 전통적인 두더지 사냥꾼들은 또다시 농장과 정원에서 일거리를 찾았으며, 힘의 균형도 회복되었다.

나는 작업용 날과 칼을 갈 때 숫돌을 사용한다. 몇 해 전 구입했을 당시 숫돌은 단단하고 완전히 평평했지만, 이제는 내가 그것을 어떻게 사용하는지 말해주는 부드럽고 복잡한 굴곡이 생겨 있다. 도구는 그것이 사용되는 방식에 반응한다. 천천히 시간이 흐름에 따라, 그것은 내가 일을 하는 방식에 맞춰 자연스럽게 그 모양을 바꾼다. 가끔 나는 그냥 숫돌을 쳐다보는 게 좋다. 그걸 내 손에 쥔 채로. 칼이 돌을 닮게 하는 동안 돌 역시 칼을 닮게 하고, 시간이 지나면서 그것들의 굴곡은 서로 들어맞게 된다. 사람도 그렇다. 페기와 내가 만났을 때 우리는 긁히고 잘 부서지고 많이 싸웠지만, 세월이 지남에 따라 우리는 서로의 가시를 닮게 하여 없앴고 거친 부분들을 부드럽게 연마했다. 이제 우리의 굴곡은 서로 들어맞는다.

페기를 만나기 전, 나는 보지 못하는 사람에게 손을 흔들었고 듣지 못하는 이에게 노래를 불렀다. 그러다가 페기가 왔고, 그녀는 내게 화답하며 손을 흔들고 노래를 불러주었다. 우리는 둘 다 부랑자다. 나는 내가 페기와 함께 성장해오면서 줄곧 제멋대로 굴고 고독해하고 두려워하는 동안 그녀가 나 몰래 어둠 속에서 줄곧 나를 기다려주고 있었다는 사실을 깨닫는다. 페기는 나보다 나은 사냥꾼이었다. 페기는 내게 미아가 되었다가 발견된 아이들에 대한 옛날이야기를 들려주면서, 실은 그녀가 나를 발견하고서 내가 자라는 모습을 지켜보았다는 걸 말해주고 있었다. 문신이 있고 많이 상했으며 헝클어진 털로 가득하고 밋밋한 쇠팔찌를 찬 내 손은, 색색의 리본으로 페기의 손에 영원토록 묶여 있었다. 나의 캐리어드cariad.*

내 호주머니에는 한때 길이가 13센티미터였으나 지금은 그저 몽당연필이 되어버린 연필 한 자루가 있다. 나의 이야기를 쓰느라 뭉툭해진 연필 하나가. 그 어떤 것도 끝이 나진 않는다. 곧 닳은 돌로 갈아낸 닳은 날을 들고서, 낡은 몽당연필을 뾰족하게 깎아, 새로운 장章, 새로운 삶을 시작할 때가 올 것 같다.

나는 여러 계절과 날씨를 거치며 걷는 동안 몇몇 물건을 들고 다녔고, 내가 들고 다니던 물건들은 내가 닳아가기 시작하면서 함께 닳아버렸다. 나는 굶주렸다. 때로는 심각하게 굶주려서 목숨을 걱정할 정도였다. 다만 그런 적은 드물었고, 나는 스스로를 안전하게 지키는 일에 아주 능하게 되었다. 포식자들, 그리고 마을을 서성거리며 내가 귀여운 쥐라도 된다는 양 주위를 맴돌던 소아성애자들로부터 나는 슬그머니 도망치곤 했다. 내가 블랙풀로 걸어가고 있을 때 한 남자는 내게 뜨거운 음식과 침대를 제공해 주겠다면서 자신이 '나 같은 소년들을 많이

* 웨일스어로 '달링darling'을 뜻한다.

보살폈다'고 말했다. 어느 이른 시각엔 맨체스터 외곽의 황량한 거리에서 내 옆에 차를 세우고는 나를 태우려고 했던 잘 차려입은 여자도 있었다. "파티에 가고 싶지 않니?" 나는 위험을 느꼈고, 계속 걸음을 옮겼다. 마을은 재미있고 신나는 곳이지만 위험하다. 사람들은 무언가를 원한다. 그들은 경험을 갈망한다.

마침내 양말은 닳았고, 부츠에는 구멍이 뚫렸으며, 나는 양모의 가치를 알게 되었다. 양모는 젖었을 때도 몸을 따뜻하게 해준다. 면이나 나일론, 깃털은 젖게 되면 목숨을 빼앗을 수도 있다. 나의 값비싼 거위털 침낭은 폭우에 흠뻑 젖은 뒤에는 내 몸을 따뜻하게 해주지 않았다. 젖은 상태의 그것은 들고 다니기에 너무 무거웠다. 나는 침낭이 마르길 바라며 그것을 나뭇가지에 걸어두었고, 며칠 동안 외투로 몸을 감싼 채 잠을 잤다. 거위털 침낭은 쓸모없는 사치품이었다. 나는 그것을 쓰레기통에 던져버린 다음 중고품 가게에서 낡은 양모 담요를 하나 구입했는데, 그것은 내게 매우 소중한 물건이 되었다. 푸른색의 그 양모 담요는 거칠지만 따뜻했고, 심지어 젖었을 때도 여전히 따스했으며, 젖은 후에도 다시 말랐다. 그 푸른색 담요는 나의 가장 중요한 재산이 되었다. 그 담요가 어떻게 되었는지는 기억이 나질 않는다. 간혹 나는 아직도 그 담요가 있었으면, 아기처럼 그것을 그냥 안고 있었으면 하고 바란다.

이따금씩 나는 뜨거운 음료가 그리웠다. 가끔 돈이 생기면 마을로 가 조식 카페를 찾아 들어가서는 커피 한 잔과 에그토스트 하나를 주문하곤 했다. 남은 돈이 없을 때는 이른 아침에 부지런한 새처럼 현관 계단에 앉아 훔친 빵과 우유를 먹거나, 식료품점에서 훔친 비스킷을 먹었다. 혹은 나의 스위스 아미 나이프로 딴 콩 통조림을 먹었다. 숟가락이나 포크를 들고 그것들을 먹어본 적은 한 번도 없다.

시간이 흐르면서 나는 사용하지 않는 것들을 버렸다. 캠프용 휴대 난로, 냄비와 팬, 텐트 같은 물건들을 버리자 짐이 가벼워졌고, 나는 내게 필요한 다른 것들을 모았다. 물병, 담요, 방수포 같은 것들을. 나의 모든 세상을 배낭 하나에 넣고 다니는 일은 내게 원하는 것과 필요한 것 사이의 차이를 금세 가르쳐줬다. 나는 책이 그리웠다. 나는 양말을 신던 게 그리웠다. 나는 닳은 부츠를 버리고 테니스화를 신고 걸었다. 그렇게 걷는 동안 거추장스러운 짐은 모두 버렸고, 오직 필요한 것들만 들고 다녔다. 이제는 나이가 들고 마음이 여려지면서, 나는 원하는 것에 조금은 굴복해 버렸다. 나는 옷과 책을 너무 많이 산다.

모든 작은 것들이 대지에 담요를 덮어주네

무한히 다양한 모든 작은 것들이 이 바위투성이 젖은
　　대지에 담요를 덮어주네

모든 작은 것들은 담요를 덮어주는 것들, 온기를 전해주는
　　것들

먹여주는 것들

먹는 것들

모든 작은 것들, 졸졸 흐르는 물에 담요를 덮어주고 바위로
　　켜켜이 쌓인 이 돌덩어리 대지를 먹여주는 미세한
　　점들과 같은 생명의 세포들

모든 작은 것들은 죽고

그러고는 살고, 그러고는 다시 죽고

이 바위투성이 대지 위에 여러 층으로 깔린 담요를 만들고,
　　그것을 먹이고

살아가고 죽어가고 살아가고 죽어가면서

먹고 먹이고 죽어가고 키우고 자라나면서, 그들은 이
　　바위투성이 대지를 만들어내네

패배 없이 피하기

나는 대략 한 시간 이내에 집에서 강둑을 따라 걸어 성곽을 지나 카디프의 한복판에 이를 수 있을 만큼 강 가까이에 산다. 내 두 아이는 다 자랐으며 각자 가정이 있다. 이제는 페기와 나뿐이다. 밖에서 일을 할 때면 나는 그녀가 그립고, 집으로 돌아가고 싶어진다.

내 아이들은 흩뿌려졌다. 그렇게 산들바람을 타고 비옥한 토양으로 날아가 잘 자라고 있다. 페기와 내가 그 아이들을 세상에 내보냈고, 그들은 도시의 확장과 공해의 증가, 시골 지역의 감소를 일으켜 우리로 하여금 미래를 걱정하게 하는, 늘어나는 인구의 일부다. 슬퍼하거나 과학이 그 문제를 해결해줄 거라고 희망하기란 쉬운 일이다. 우리 인간은 걱정이 많은 종족이다.

세상에는 빈터가 많다. 스코틀랜드의 하일랜드에는 풍경을 가로지르며 빠른 속도로 달려가고 눈에 보이는 것은 무엇이든 먹어 치우는 어마어마한 규모의 사슴 떼를 제외하고는 거주하는 것들이 별로 없다. 사슴 떼의 숫자를 조절하던 늑대들을 우리가 죽여버렸기 때문이다. 더 남쪽에 위치한 크고 작은 도시들에는 우리가 즐길 야생의 공간이 별로 남아 있질 않다.

나는 소년 시절, 자연은 우리의 즐거움이나 생존에 아무 관심이 없다는 걸 알게 되었다. 아이들처럼 보호받거나 즐거운 대접을 받는 존재가 아닌 한, 우리는 적극적으로 우리 자신의 생존에 관여하고 자기만의 즐거움을 발견해야 한다. 사람들은 생존을 위해 싸워야 한다고 말하지만, 필요한 것은 싸움이 아니라 대화다. 세상에는 항상 교섭이 진행되고 있다. '싸움'이라는 말은 거기에 어떤 종류의 공격성이 수반된다는 것을 암시한다. 하지만 공격적인 행위는 결국 우리를 무언가 더 크고 강하고 빠른 것들이 있는 먹이 사슬에 속하도록 만들 것이다. 생존을 위한 '싸움'은 자기 자신과의 대화다. 그것은 굶주림과 추위, 탈진, 어려움과 두려움을 받아들이고 그것들과 함께 살아가며 계속해서 나아가는 법을 배우는 것인데, 그러지 않는다면 멈춰서 죽거나 아이처럼 의존적이 되는 수 밖에 없기 때문이다.

생존이란 위험을 인지하는 것, 그것이 얼마나 위험한지를 가늠하고 그것으로부터 물러서는 것이다. 만일 잘못된 선택을 내린다면, 그리고 멈춰야 할 때 계속 간다면, 아마 승리를 거둘 수도 있고 그러지 않을 수도 있겠지만 어느 쪽이 됐든 대가가 뒤따를 것이다. 공격적인 동물이나 인간과 마주쳤을 때 항복하는 것은 거의 아무런 효과가 없지만, 나쁜 날씨와 맞닥뜨린 경우에 유일하게 할 수 있는 일은 피하거나 항복하는 것이 전부다.

여우는 등에 붙은 진드기를 긁어내고, 고양이는 발에 묻은 진흙을 닦아내고, 두더지는 자신의 굴을 청소한다. 사람들은 자신의 소유물을 깔끔하게 유지하려고 애쓴다. 그들은 배기관에 호스를 꽂아서 두더지들을 가스로 죽이려 하고, 굴 아래로 경유를 붓고, 두더지 언덕에 휘발유로 불을 지르고, 산탄총을 쏘고, 표백제를 붓고, 구멍 속으로 좀약과 마늘 그리고 다른 '두더지 퇴치용 식물'과 불쾌한 물질들을 집어넣는다. 나는 이 모든 짓과 그보다 더한 짓들을 한 사람들과 마주치곤 한다. 그러나 두더지는 자기가 좋아하지 않는 무언가와 마주치면, 그걸 파내어 지표면 위로 밀어 올리거나 혹은 굴을 막고서 땅을 파며 문젯거리를 피해 간다. 패배하지 않은 채, 녀석은 더 많은 두더지 언덕을 만든다. 두더지는 생존 기술의 귀재이며, 그 기술의 첫 번째 규칙은 '위험한 것은 우회하라'이다.

때로 가상의 적들과 겁을 주는 전자기기들은 한동안 제대로 된 효과를 내는 듯 보인다. 하지만 두더지들은 그것들이 위협적이지 않음을 알아차리고는 다시 돌아온다. 한번은 삑삑 소리를 내고 진동을 일으키면서 두더지에게 겁을 주는 엄청난 신제품을 본 적이 있는데, 그것은 이내 움직이기 시작하더니 천천히 굴 밖으로 밀려 나왔고 그러다 넘어져서는 땅 위에 드러누운 채 소리를 지르고 몸을 흔들어댔다. 그러는 동안 두더지는 자신이 빠져나온 굴을 보수했다. 두더지들은 축구장 옆 공원과 고속도로 가장자리에서도 꽤나 행복하게 살아간다. 소음을 내며 진동하는 장치들은, 그것이 얼마나 정교하건 간에 두더지에게 겁을 주기 위해서라기보다는 좌절한 인간들로부터 돈을 뜯어내기 위해 만들어진 것들이다.

두더지들이 정말로 싫어하는 것은 빽빽한 토양이다. 가축이 있는 들판의 경우에는 대개 동물이 발을 디디지 않는 울타리 근처에만 두더지 언덕이 있다. 무거운 롤러를 이용해 정기적으로 밀어주고 공기를 쐬어주는 운동

경기장은 두더지로 인해 골치를 겪는 일이 거의 없다. 나는 건축업을 하는 단골 고객에게 이러한 사실을 말해준 적이 있는데, 그러자 그는 로드 롤러로 자신의 잔디를 다졌고 두더지들은 그곳을 떠나 다시는 돌아오지 않았다. 대신에 녀석들은 옆집으로 이사를 갔다. 나는 고객 한 명을 잃었고, 더 화가 난 고객 한 명을 얻었다.

안장을 얹지 않은 채 아무 구속 없이 산등성이를 가로지르는 붉은 말 두 마리를 발견한다. 서리 내린 풀 위로 길고 빠르게 그림자를 드리우며 질주하는 그 말들을 일어서서 지켜보던 나는, 비록 내 몸은 달리기에 너무 늙고 지쳤지만 그들처럼 되고 싶다고 생각한다. 학교를 다니던 시절에 크로스컨트리를 했던 기억이 난다. 우리는 검은색 운동용 즈크화를 신고서 진흙과 개울을 통과하며 언덕 위를 달렸다. 나는 빠르진 않았지만 누구보다 오랫동안 계속해서 달릴 수 있었다. 나는 멈추고 싶지 않았다.

오늘 오후는 나무와 생울타리 쪽에서 새소리가 많이 들려온다. **짹짹짹, 지지배배 지지배배,** 그리고 다른 여러 소리들이. 네 마리 혹은 다섯 마리의 서로 다른 새들이 짝을 찾거나 자신의 영역을 지키며 내는 울음소리가 들려온다. 내 옆에 앉아서 노래를 부를 만큼 용감한 울새와 검은지빠귀, 그리고 내게 아주 익숙한 까마귀, 까치, 갈매기, 비둘기를 제외하면, 나는 녀석들의 이름이 무엇인지, 어떤 노래가 어떤 새의 것인지도 알지 못한다. 저 작은 새들 무리는 그저 휙휙 날아다니는, 노래하는 구름들이다. 한때 나는 저들에게 호기심의 대상 혹은 위협의 대상이었다. 이제는 저 새들에게 나는 너무도 친숙해져서 투명 인간이 되어버렸다. 나는 아무도 아니고, 그리하여 나는 나라는 존재의 정점에까지 도달하게 되었다.

만일 두더지를 산 채로 잡고 싶거든 인도적인 덫을 구입하면 된다. 이런 덫은 보통 금속으로 이루어져 있거나 대개는 플라스틱으로 만들어진 튜브로, 굴속에 집어넣는 방식이다. 그 양쪽 끝에는 일방통행형 덮개가 있다. 두더지는 그 안으로 들어가면 다시는 빠져나오지 못한다. 만약 인도적인 덫으로 살아 있는 두더지를 잡았다면, 녀석을 어디에 풀어줄지 결정해야 한다. 녀석은 이미 그 덫 안에 한동안 갇혀 있던 상태일 것이다. 괴로워하는 두더지를 풀어줄 장소로 데려가려면 더 많은 시간이 걸릴 텐데, 신속하게 먹이를 찾지 못한다면 녀석은 허약해져 죽고 말 것이다.

땅 위에서 두더지는 상대적으로 천천히 움직인다. 배

가 고프면 더 천천히 움직인다. 두더지는 뚱뚱하고 꿈틀거리며 눈에 잘 띄므로, 잡아먹히기 전에 재빨리 땅 아래로 내려가야만 한다. 두더지는 너무 딱딱하거나 너무 부드럽거나 너무 젖어 있거나 너무 말라 있는 땅에서는 살 수 없으므로, 녀석은 자신이 좋아하는 종류의 흙을 찾아야 할 것이다. 만일 두더지를 산 채로 잡았다가 처음에 잡았던 그 자리에 놓아주지 않는다면, 그것은 녀석에게 느린 사형을 선고하는 셈이나 마찬가지다.

어떤 사람들은 두더지를 반려동물로 키우는 것에 대한 의견을 내게 묻기도 했다. 두더지를 반려동물로 키우고 싶다면 우선 녀석에게 경이적인 양의 지렁이를 공급해줘야 할 것이며, 녀석을 절대로 볼 수 없을 것이다. 녀석이 짧고 비참한 삶 대신 멋진 삶을 살아갈 수 있도록 해주고 싶다면, 60센티미터 깊이에 집 한 채의 평면도만 한 면적의 수조水槽 속에 양질의 흙을 가득 채워 넣어야 할 것이다.

햇빛이 헐벗은 나뭇가지들을 뚫고 들어오고, 그 나뭇가지들은 한동안 황금빛으로 빛난다. 여기서 6~7킬로미터 떨어진 곳엔 서리로 하얗게 덮인, 바람 없는 언덕이 있다. 그 언덕 너머의 희고 고요한 풍차들은 기다리고 있다. 모든 것은 기다린다. 땅속 깊은 따뜻한 곳에서 끊임

없이 먹고 굴을 파는 두더지를 제외한 모든 것들은.

내 길을 따라 걸어온 나는, 이제 들판 꼭대기로 돌아와 있다. 이곳에는 잡아야 할 두더지가 잔뜩 있다. 들판의 경계 너머에는 봄이 오면 이곳 들판에서 살게 될 더 많은 두더지들이 있다. 어쩌면 나는 앞으로 평생 매해 이곳에 와서 덫을 놓게 될 수도 있을 것이다. 나는 첫 번째 구역의 가장자리로 가서 땅에 무릎을 꿇고 도구들을 준비한다. 무릎 보호대를 하고, 몇 개의 덫에서 흙을 털어낸 뒤, 모종삽과 각삽, 두더지 탐색용 막대기를 꺼낸다.

나는 진흙 두둑 옆으로 졸졸 흐르는 개울을 지나

썩어가는 낙엽이 가득한

손을 담그고 싶지 않은

반짝이는 생명의 웅덩이를 향해 걸어가네

그 작고 질척한 웅덩이를 들여다보니

뾰족한 집게발이 달린 물장군이 알을 까고

온갖 사체가 썩어

악취가 나는 낙엽 아래로

거품이 일어 터지는데

그곳에서 나는 마침내

나 자신의 영상을 발견하였네

그 웅덩이에선

비바람에 시달려 까맣게 타고 수염이 난 사냥꾼의 얼굴이

선명히 드러나는 뼈 위로 피부가 팽팽히 당겨진 얼굴이

다시금 나를 쳐다보네

세상에서 진정으로 사라지려면

두 눈을 꼭 감고

그 어떤 것도 내면으로 들이지 않아야 한다는 것은

심지어 아이도 아는 사실

잠시 후 내 어깨 너머로 떠오른 햇빛이
수면 위로 튕겨 나오며
나의 영상을 하얗게 물들이고
나의 얼굴을 따스하게 비추네
누군가 혼자 있는 아이의 이마에
입을 맞춰준 듯한 기분이야
사방에는 깃털이 떨어져 있어.

망가진 것들

덫을 놓을 자리를 찾기 전에, 나는 두더지들의 활동 구역 바깥쪽 진흙땅 위에 무릎을 꿇고서 몇 개의 덫을 준비해 둔다. 이곳에서는 무릎을 꿇을 일이 많다. 이 들판이 곧 나의 성당이라고 할까. 땅은 젖어 있다. 마른 땅에서는 두더지를 거의 찾아볼 수 없다. 나는 어제 작업하면서 묻은 흙이 딱딱하게 말라붙어 있는 몰스킨 바지를 입는다(몰스킨 천은 무겁고 질긴 면으로 만들어진 것으로, 줄무늬 없는 두꺼운 코르덴과 비슷하다). 스프링으로 작동하는 포획용 올가미의 몸통 부분을 배로 밀면서 아래로 누르고, 두더지를 죽이는 스프링을 당긴 다음, 올가미가 다시 닫히는 걸 막기 위해 느슨한 작동 고리를 뒤집어 멈블 핀 뒤에 건다. 그러면 덫이 준비된다. 이 일에는 두 손이 필요하다. 스프링이 워낙 강력해서 까딱하면 손가락이 날아갈 수도 있다.

나는 이 단어들이 좋다. '작동 고리trip hook', '멈블 핀mumble pin', '포획용 올가미catching loop'. 이것들은 전통의 느낌, 이 기술의 오래된 역사와 연결되어 있다는 느낌, 그리고 이러한 느낌을 앗아 가기 위해 열심히 노력하는 세상에 '속해 있다는' 느낌 같은 것을 준다.

두더지 덫은 로마인들이 농작물과 유원지를 보호하기 위해 그것을 사용했던 때부터 있어왔다. 초기 로마 시대의 두더지 덫은 옆면 가운데쯤에 구멍이 하나 나 있는 단순한 토기였다. 구멍이 있다는 것은 토기가 반쯤 물로 채워졌음을 뜻했다. 두더지는 굴속에 박힌 토기에 빠지면 기어 나오지 못한 채 지쳐서 익사할 때까지 계속 그곳에서 빙글빙글 헤엄을 쳤다.

그 후, 떠돌이 두더지 사냥꾼들은 자신의 덫을 스스로 만들어냈다. 탄력 있는 나무 막대기로 작동하는 노끈 올가미에 두더지의 허리 부분이 걸리도록 했다. 두더지는 나중에 손으로 죽여야 했다. 그 뒤로는 도자기관으로 만들어진 더욱 정교한 덫이 나왔고, 또다시 끈이나 철사로 된 포획용 올가미가 등장했다. 보다 근래에 나온 또 다른 덫은 두더지가 그 아래로 지나갈 때 목표물을 향해 날카로운 강철못을 내려 박았다.

현대식 두더지 덫은 디자인이 매우 다양하다. 나를 비롯한 대부분의 두더지 사냥꾼들은 크게 두 가지 덫을 사용한다. 초기의 나무 덫과 도자기 덫 몇몇에 기초해서 만들어진 시저scissor 덫 그리고 하프 배럴half-barrel 덫이 그것이다. 둘 다 효과적으로 두더지를 죽인다. 훌륭한 현대식 덫은 비싸다. 그것들은 두더지 몸의 적절한 부위에 최대한 재빨리 치명타를 날리기에 적합하도록 만들어졌다.

나는 다른 어떤 덫보다 하프 배럴 덫을 자주 사용한다. 그것은 대략 길이 15센티미터에 너비 8센티미터인 반쪽짜리 금속 튜브처럼 생겼다. 반쪽짜리 튜브는 땅속에 넣어졌을 때 두더지 굴의 지붕을 이룬다. 양쪽 끝에는 강철 철사 올가미가 달려 있고 이것은 굴 바닥 부분의 땅에 박혀 있어서, 두더지가 어느 쪽으로 들어오든 잡을 수 있다. 이 두 올가미에는 두더지를 파열음과 함께 덫의 천장 쪽으로 잽싸게 들어 올리는 강력한 코일 스프링이 달려 있는데, 이는 덫에 걸린 두더지의 심장을 멎게 한다. 이 장치는 효과적이고 치명적이다.

마찬가지로 코일 스프링으로 작동되는 시저 덫은 굴을 가로질러 설치되며, 이 덫에 걸리면 한 쌍의 강철 집게발이 굴의 양쪽에서 목표물의 가슴을 향해 찰칵하며 닫히면서 두더지를 죽인다. 나는 간혹 접근이 어려운 곳들, 이를테면 벽이나 길 아래 같은 경우에 시저 덫을 사용하는데, 그 이유는 시저 덫이 다른 덫보다 훨씬 작기 때문이다. 나는 또한 굴속에 설치하는 내 덫들이 모두 땅속에 있어서 그것이 더는 남아 있지 않을 때도 시저 덫을 사용한다. 예전에는 가끔 한 번에 백 개 이상의 덫을 땅속에 설치해두기도 했었다. 덫은 어떤 종류의 미끼도 필요로 하지 않는다. 그것은 그저 먹을 것을 찾아 굴을 헤매는 두더지에 의해 작동된다.

두더지를 잡으려면 하프 배럴 덫을 세 개 구입하라. 적어도 세 개는 필요할 것이다. 가능한 한 가장 좋고 비싼 것을 구입하라. 살아 있는 것을 죽이는 일은 값싸서도 안 되고 느려서도 안 된다.

불교도들은 삶이 슬픔으로 가득한 것이며 슬픔과 더불어 살아갈 수 있는 유일한 방법은 연민을 베푸는 것이라고 말한다. 그들은 우리가 하는 모든 일에서 슬픔과 기쁨을 모두 느껴야 한다고 말한다. 이 들판에 존재하는 것, 매나 고슴도치처럼 존재하는 것에는 기쁨이 존재한다. 그것에는, 우리가 시작하는 곳에서 끝나는 곳까지 가는 여정에는 슬픔 또한 존재한다. 나의 여정은 어디를 간

다거나 어떤 중요한 것을 전달하는 것이 아니라, 그냥 가는 것이다. 그것은 양귀비처럼 나타나 꽃을 피웠다가 시들고, 그러고는 말라서 흙으로 돌아간다. 연민은 기쁨과 슬픔의 상호 작용 가운데서 생겨난다. 당신 스스로의 삶에 대한 연민, 당신 스스로의 실수에 대한 용서가 그것의 토대를 이룬다.

슬픔은 늘 존재한다. 나는 한때 실연을 당한 한 친구가 과음을 한 상태에서 우울하게 "유리잔은 깨져버렸어. 되돌릴 수가 없다고."라고 말하는 걸 들은 적이 있다. 하지만 그 말은 틀렸다. 망가진 것은 예전으로 돌아갈 수 없지만 다른 무언가가 될 수는 있다. 그것들은 다시 만들어질 수 있다. 모든 것들은 일시적이고, 모든 것들은 닳아서 먼지가 된다. 모든 것에는 그 끝이 있으며, 모든 것은 다음 것의 시작을 품고 있다. 치유의 감정이란 그것들을 예전의 상태로 되돌리는 데서 생겨나는 것이 아니라, 수용과 용서와 사랑과 성장과 재출발을 통해 생겨나는 것이다. 흉터는 삶의 불가피한 요소이다.

아무것도 아닌 것에 가까워질수록, 그 존재는 더욱 부드러워지고 그 존재가 발산하는 감정 또한 더더욱 부드러워진다. 갓 태어난 아이, 막 부화한 동물, 죽어가는 노인을 떠올려보라. 마른 씨방과 그것을 둘러싼 다른 마른 씨방들, 뼈대만 남은 채 웅덩이에 떠 있는 이파리, 흙더미 속의 깨진 도자기 한 조각, 풀밭 위에 놓인 달걀 껍데기 반쪽, 모래 언덕에 놓여 있는 토끼 다리 한쪽의 작은 뼈를. 그리고 끝이 가까워진 작은 것들을.

모든 이야기는 이것들로부터 터져 나온다. 말라가는 씨방의 소중함은 그것이 흙으로 돌아가는 슬픔과 한데 엮여 있고, 봄에 그것의 결과물로 모습을 드러내는 씨앗들에는 기쁨이 배어 있다. 아름다움은 슬픔과 기쁨 사이의 균형이고, 그 순간 속에서 탄생하며, 보는 자와 보아지는 것 간의 관계에 존재한다. 내 삶은 이것으로 가득하다. 그런 감정은 절대 과거나 미래에 있지 않고, 오로지 당신과 이 순간 사이의 상호 작용이 일어나는 바로 이곳에만 존재한다.

천 마리의 아침 참새들(나는 그들을 알지)
그들이 소곤거리네, 잎이 없는 나무에서
온기를 기다리며

비가 고여 생긴 아주 작은 물웅덩이
나는 그 안으로 걸어 들어갔다가 반대쪽으로 걸어 나오고
뒤돌아보니 목초지 너머론
아직도 그 물웅덩이가 보이네

그러곤 맑은 하늘, 두 대의 비행기가 높은 하늘에
흔적을 남긴다, 작은 새 한 마리는 작은 날벌레들 사이를
　　날아다니고
하늘에 휘갈겨진 구름 하나가 점점 사라져가

멀리서 여우 한 마리가 으르렁거리고
재잘거리는 눈부신 새들은
한 그루의 굽은 산사나무에서
또 다른 산사나무로 몰려갔다가
다시 돌아오네

그리고 고양이 한 마리가 기어와

내가 자르지 않은 풀 위에

쪼그리고 앉는 모습을 지켜보네

엉겅퀴가 점점이 자라 있는 들판에서

기도를 하듯 무릎을 꿇고 있는 모습을

부드러운 등이

강철 덫에 꺾여버린

축 늘어진 새파란 두더지 한 마리가

내 두 손에 들려 있는 그 모습을.

사냥꾼의 육감

나의 굴 탐색용 막대기는 지름 1센티미터에 길이 30센티미터의 강철 막대로, 한쪽 끝에는 T자형 손잡이가 달려 있고 다른 쪽 끝은 뾰족하다. 나는 무성한 수풀 속에서 탐색용 막대기를 잃어버렸을 땐 이따금 뾰족한 나무 막대를 사용하기도 했지만, 나무 막대기는 효과가 시원치 않고 하루를 더 고되게 만든다. 나는 내 탐색용 막대기를 쉽게 알아볼 수 있도록 밝은 분홍색으로 칠해놓았지만 그런다고 달라지는 것은 없었다. 페인트는 벗겨졌고 나는 여전히 그것을 잃어버린다.

흩어져 있는 두더지 언덕들 가운데 가장 근처의 것들을 유심히 살펴본다. 갓 만들어진 것들이 작은 무리를 이루고 있다. 이곳은 두더지의 먹이 활동이 활발히 이루어지고 있는 영역이다. 생울타리 양쪽 끝으로는 같은 영역에 속한 걸 수도 있는 한 무리의 더 오래된 두더지 언덕들이 있고, 생울타리 아래에는 그 밑으로 주요한 간선 굴이 있을지 모르는 오래되고 방치된 언덕들이 일렬로 늘어서 있다.

가늘게 뜬 눈으로 이 언덕들의 배치를 보면서, 나는 이 모든 특징을 한데 잇는 굽이진 굴들의 조직망을 어렴풋이 상상해본다. 굴들이 어디에 있을지 그려보려 애쓴다. 상상력은 두더지를 사냥할 때 매우 중요한 역할을 하지만, 어떤 식으로든 쓸모가 있으려면 그것은 불확실하고 불분명해야 한다. 굴이 있을 법한 특정 지점을 예측하기보다는, 전반적인 영역을 상상한 뒤에 이미지가 움직이고 변화하도록 내버려 두어야 한다.

생울타리의 양쪽으로부터 퍼져 나간 두더지 언덕들의 배치로 봐서는 그 아래 어딘가에 간선 굴이 있을 것도 같기에, 나는 그곳을 먼저 살펴본다. 덫을 놓기에 가장 좋은 장소는, 만약 찾을 수만 있다면 간선 굴이다. 그것은 두더지 언덕이 활발하게 생겨나는 영역 주변의 어딘가, 종종 생울타리의 가장자리나 가장 아래쪽 나뭇가지 밑에서 발견될 것이다. 하지만 그런 곳들에 있는 흙은 뿌리로 가득해서 굴을 찾기가 어려울 수도 있다.

나는 덫을 들고서 조용히, 심지어 발끝으로 걷는다. 그럼에도 불구하고 두더지는 아마 내가 어디쯤 있는지 잘 알고 있을 것이다. 두더지는 대체로 조용하다. 녀석들은 소리를 지르고 찍찍거릴 수 있지만 그 소리가 사람들에게 들리는 경우는 거의 없다. 나는 두더지가 움직일 때 내는 소리를 한 번도 들어본 적이 없다. 그러나 녀석들은 내가 멀리서 다가오며 내는 소리를 들을 수 있다는 걸 나는 안다. 한번은 내 시야의 한계 지점에서 움직이고 있다가 내가 한 걸음을 내딛자 즉시 움직임을 멈춘 두더지 언덕을 본 적이 있다.

땅속에 탐색용 막대기를 밀어 넣고서 굴의 천장을 더듬고 바닥을 두드려가며 뭔가 부딪는 게 없는지 느껴본다. 보통 잘 경작된 시골 흙의 경우엔 두더지 탐색용 막대기를 땅속에 쉽게, 끝까지 밀어 넣을 수 있다. 반면에 교외의 정원들은 대개 공급 업체가 실어 와 땅에 쏟아부은 쓰레기와 잡석, 흙 위에서 조성된 것이기에, 아마도 그 깊이가 10센티 정도밖에 되지 않을 확률이 높다. 나는 꽤 많은 두더지가 잡힐 것만 같은 이 구역에서 천천히, 조용히 움직인다. 굴들이 일직선으로 나 있을 거라고는 기대하지 않은 채 탐색하며 나아간다. 나는 사냥을 하는 중이므로, 이 과정에 경의를 표해야 할 필요를, 마음을 조용히 가라앉히고 감각을 활짝 열어야 할 필요성을 느낀다.

두더지 사냥꾼들은 굴에 대한 육감六感이 발달한다. 그들에게 두더지 사냥이란 거의 수맥 탐지기를 들고 다니는 일이나 마찬가지다. 나는 한동안 들판을 돌아다니다가 맨 처음 탐색을 시작한 장소에서 괜찮은 굴을 찾았던 적이 많다. 미묘한 실마리들(설명을 하기에는 너무나 미묘하다), 오히려 느낌에 가까운 실마리들이 있다. 그것들은 어쩌면 땅의 질감이라든가 걸을 때 느껴지는 탄성의 아주 작은 차이일 수도 있고, 걸을 때 들려오는 소리의 차이일 수도 있으며, 아침이면 종종 이슬에 젖어 더 확실히 눈에 띄는, 다르게 누워 있는 풀의 모양일 수도 있다. 의식적으로 자각하기에는 너무 작지만, 무의식으로 하여금 내면의 목소리에 불을 지펴 '이곳을 살펴봐'라고 말하게 할 만큼은 충분히 존재하는 이 모든 실마리들이 한데 모인다. 무엇보다 가장 중요한 것은 고요한 마음과 정서적 평화다.

페기는 나를 '발견하는 사람'이라 부르고, 내가 무언가를 찾는 일에 전문가라고 말한다. 무언가를, 대략 열쇠나 그 밖의 물건 같은 것을 잃어버릴 때마다 페기는 내게 말하고 나는 그것을 찾아낸다. 우리 둘은 마치 내가 특별한 기술을 가지고 있기라도 한 것처럼 굴지만, 실상은 페기가 그 일에 신경 쓸 필요가 없게끔 내가 그냥 물건을 찾아주는 게 아닐까 하는 생각이 든다.

두더지 언덕들 사이에 덫을 놓는 것은 아무 소용이 없다는 말을 들은 적이 있는데, 나는 그런 곳에서 두더지를 많이 잡는다. 갓 생겨난 두더지 언덕 옆에는 가장 찾기 쉬우며 두더지가 활발하게 사용하는 굴이 있다. 두더지 언덕 안에 직접 덫을 놓는 것은 의미 없는 일이다. 두더지가 그곳을 간혹 다시 찾을 수는 있겠지만, 그건 굴을 보수할 필요가 있을 때뿐이다.

나는 계속해서 조용히 걸으며 탐색하고, 멈추고, 돌아서고, 땅을 시험해 본다. 지금 찾고 있는 건 깊이 20센티 이하의 굴이다. 나는 그보다 더 깊은 굴만 여럿 발견하고 있기에, 계속 발걸음을 옮긴다. 깊은 곳에 덫을 놓는 데 시간이나 에너지를 낭비하진 않을 것이다. 그건 너무 많은 흙을 어지럽히는 일이고, 그러면 두더지가 소란을 감지하고는 굴을 메워버릴 것이다. 더 얕은 굴을 추적하는 편이 훨씬 수월하다.

갓 생긴 첫 번째 두더지 언덕과 생울타리 사이에 집어넣은 탐색용 막대기가 지붕을 뚫고 바닥에 살짝 부딪히는 게 느껴진다. 대략 13센티미터로, 깊이는 적당하다. 나는 그 주변을 탐색하며 입구가 어느 쪽인지 알아내려 애쓴다. 몸을 더 사용하고 느끼면서 생각은 덜 할수록, 대개 결과는 더 성공적이다. 사냥은 쌍방향으로 이루어지는 과정이다. 땅은 내 몸과, 거의 무無에 가까운 나의 아주 미세한 감각들과 직접적으로 소통한다.

굴을 발견하고 나면, 이제 첫 번째 덫을 놓을 준비가 된 것이다. 보통 나는 덫을 놓기 좋은 곳을 찾기 위해 두더지의 각 활동 영역 내에서 3~5개 정도의 위치를 물색한다. 들고 다니는 덫은 꽤 많은데, 잡는 마릿수에 따라 보수를 받으므로 가능한 한 빠른 시간 내에 녀석들을 잡을 필요가 있다. 그러지 않으면 고지서 요금을 내지 못하게 될 테니까. 두더지와 굴 조직망 크기의 비율은 나와 내가 사는 마을 크기의 비율과 거의 같다. 만일 우리가 그 규모 내의 모든 길거리와 모든 굴속을 뛰어다녀야 한다면, 상상컨대 두더지와 나에겐 족히 두세 시간은 필요할 것이다. 나는 더 이상 달리기를 하지 않는데, 두더지들이 한가로이 걸어 다닐 것 같진 않다.

긴 풀숲 사이에서 무릎을 꿇고 장비를 준비한다. 나를 둘러싼 지평선은 푸르고, 태양은 언덕 너머에 낮게 걸려 있다. 나무에 앉은 떼까마귀들은 침묵을 지킨다.

영구적인 주거지가 제공해 주는 것들, 그러니까 깨끗한 옷, 양질의 충분한 음식, 충분한 수면, 마시고 씻을 수 있는 충분한 물이 없을 때 죽음의 과정은 그 속도를 좀 더 높인다. 부랑자 시절, 나는 마침내 죽음이 내게 더욱 가까이 다가오고 있다는 걸 알아차리기 시작했다. 죽음이 무척 가깝게 느껴질 때가 너무 잦아졌고, 나는 도망칠 수 있을 때 도망쳐야 한다는 걸 깨달았다. 결국 머릿속에서 계획이 세워졌고, 그 계획은 이랬다. 너무 추워지기 전까지는 이전과 같이 지내다가 혹독한 추위가 찾아올 즈음 해안 쪽으로 떠나야겠다고. 로즈힙이 붉어지기 시작하고, 블랙베리가 익고, 날씨가 변하고, 기온이 떨어지고, 낮이 짧아지고, 겨울이 다가오는 냄새가 나기 시작하자 나는 소도시로 돌아가 일자리를 얻어 돈을 조금 벌 때가 되었다는 것을 알았다. 바다에 도착한 나는 해변에서, 모래 언덕에서 잠을 잤고 그곳에서 정말로 추운 날씨를 맞이했다. 그러곤 해안을 따라 걸어 내려가 마침내 내가 어렸을 때 살았던, 일자리를 구할 수 있을 거라고 꽤 확신이 들었던 블랙풀에 이르렀다.

나는 중앙 부두 아래에서 줄곧 잠을 자다가, 결국엔 관광객들을 상대로 싸구려 물품을 파는 대형 상점에서 일자리를 얻었다. 몇 달간 내 얼굴도 못 봤던 나는 스스로의 모습에 놀랐다. 나는 아직 면도를 할 나이가 아니었는데, 자르지 않은 내 머리는 햇빛에 금발로 변해 있었고 왠지 모르겠지만 거의 씻지 않았음에도 불구하고 꽤나 깨끗한 모습이었다. 하지만 나는 무척 마른 상태였고, 내 굶주림은 고통을 넘어 위험하다고 여겨지는 수준에 이르러 있었다. 나는 더 이상 굶주림을 느끼지 못하고 있었으며, 몸이 망가져 가고 있다는 걸 느낄 수 있었다.

그곳에서 나는 히피들 몇 명을 만났고, 그들에게는 내가 몸을 웅크리고 있을 수 있는 아파트가 있었다. 나는 또한 나의 첫 여자친구를 만났으며, 잠을 엄청나게 많이 잤던 기억도 나는 듯하다. 아파트에는 마약이 있었지만 나는 그것을 필요로 하지도, 원하지도 않았다. 나는 기진맥진한 상태였고, 밤낮으로 작은 것들이 거대한 것 너머로 휙휙 스쳐 가는 것을, 저무는 태양 아래로 강물이 유유히 흘러가는 것을 보았다. 나는 일상적인 것들이 실은 극적인 것이었음이 드러나는 장면들을 보았다. 취하거나 무감각해지기 위해 술을 마실 필요도 없었다. 나는 때로 나를 어지럽게 만들 정도의 허기와, 밤에 강둑과 1차선

도로에서 크게 노래를 부를 만큼의 자유를 느꼈다. 내게 필요한 것은 그저 휴식과 음식, 그리고 아마도 무엇이 됐든 상관없었을 뜨거운 음료뿐이었다.

나는 늘 아래를 내려다보지

풀 속에 숨어 있는 두꺼비와 꿩을 보고
눈으로 보기도 전에 이미
내가 지나가길 기다리는 여우 한 마리가 있음을 알아

나는 미궁에서도 길을 잃지 않지만
걸으면서 나 자신을 잃을 순 있고
내면의 짐승을 만날 수도 있네

태양이 가장 높이 떠오르고, 내 그림자는 가장 작아지는
순간
제비들과 까마귀 두 마리는
내 조용한 머리 위에서 방향을 틀며 날아가지

나와 눈 마주친 늙은 여우는
긴 풀숲 사이를 구불구불 지나가는데
서로의 평화로운 표정을 확인하고는
우리는 계속해서 서로의 갈 길을 가네

그곳을 걷는 일은 아무것도 아니지

뿔과 풀이 솟아 있는

불가피한 도착지.

개가 짖고

새들은 노래해

곤충과 말들 그리고

말에 꼬인 파리들.

은신법

두더지의 코는 개처럼 예민하다. 나는 양손을 두더지 언덕의 흙으로 씻어 잿빛을 띠게 하고 지저분하게 만든다. 내 손에 인간의 체취가 남아 있지 않길 바라면서. 나는 배경의 일부가 되고자 한다. 땅이 무를 때는 장갑을 끼기도 하지만, 되도록 그러지 않는 편이 낫다. 덫은 절대 물로 씻거나 기름을 칠하지 않고 종종 흙으로 덮어주는데, 방아쇠 장치만은 예외다. 그 장치의 속도를 더디게 할 만한 것이 있다면 무엇이든 깨끗이 닦아내야 한다. 덫은 설치할 때마다 매번 효율성을 위한 확인을 거친다. 나는 덫에서 흙냄새가 나길 바란다.

나의 오래되고 날카로운 삽을 수직으로 박아 넣어

두더지 뒷과 똑같은 너비와 길이의 납작한 잔디를 퍼 올린다. 이곳의 흙은 짙고, 살짝 모래 느낌이 난다. 내가 꿇은 무릎은 젖어 있다. 나는 땅을 파헤치면서 내가 볼 수 없는 그 아래의 것들, 그러니까 곤충, 지렁이, 뿌리 등에 상처를 낸다. 풀에 가려 보이지 않는 엉겅퀴에 나머지 한쪽 손을 댔다가 찔리기도 한다.

나는 구멍을 온전하고 깨끗하게 유지한다. 주먹 끝으로 굴의 바닥을 꽉 눌러 다지고, 파낸 부위의 측면에서 떨어져 나온 풀들을 끄집어낸다. 나는 양쪽으로 모두 뚫려 있는 굴의 내부를 들여다본다. 어두운 굴속으로 손가락을 집어넣어 그 안에 떨어져 있는 소량의 흙을 꺼낸다. 손을 대지 않은 것처럼 보이게 하려고 애쓰면서. 때로는 널리 사용되지 않은 굴의 경우 그 안에 흰머리같이 생긴 풀뿌리들이 매달려 있는 게 보이기도 한다. 그러나 풀은 빠르게 자라나고, 두더지는 아마도 그쪽으로 다시 돌아올 것이다. 이 굴은 훤히 뚫려 있다. 두더지가 자주 사용하고 있음이 틀림없다. 나는 그 안을 들여다볼 수 있다. 굴은 그 벽이 빽빽한 흙, 즉 윤이 나고 매끄러운 흙이 아니라 닳고 다져진 검은 흙, 푸석푸석하지 않은 흙 같은 것들로 이루어져 있어서 단단하다. 굴의 아랫부분은 지표면에서 약 15센티미터 아래에 위치해 있다. 그것은 둥근

관 모양이며 바닥 쪽은 살짝 납작하다. 꼭 런던의 지하철 터널처럼 생겼는데, 그 지름은 약 6센티에 불과하다.

나는 그 굴속에 내 스테인리스 스틸 덫을 설치한다.

사냥꾼이라면 누구나 자신이 노리는 사냥감에 걸맞은 은신법을 습득할 필요가 있다. 눈에 띄지 않는 것이야말로 가장 훌륭한 기술로, 나는 그 기술을 어린아이였을 때 배워서 부랑자 시절에 완벽히 가다듬었다.

나는 두더지 말고는 누구도 이곳에 다녀가지 않은 것처럼 보이게 만들려고 애쓴다. 이 모든 일들은 신속하게 행해져야 한다. 굴은 신선한 공기로 가득 채워지고, 두더지는 자신의 집에 침입자가 생겼다는 것을 알아차린다. 녀석은 어딘가에 몸을 숨기고 있다. 만일 어떤 이유로든 작업을 지체할 수밖에 없다면 준비가 될 때까지 흙이 묻은 모자를 구멍 위에 올려둔다. 나는 재빨리 몸을 움직여 덫을 놓는다. 땅속에 포획용 올가미 부분을 밀어 넣어 굴의 바닥에 잘 맞게 들어가는지 확인한다. 그러곤 덫을 끄집어내 떨어져 있는 약간의 흙을 치운 다음, 다시 딱 맞는 구멍에 밀어 넣고서 두더지 언덕의 푸석푸석한 흙으로 빠르게 덮어준다.

덫의 움직이는 모든 부위가 흙의 무게로 방해받지

않도록 주의를 기울인다. 나는 덫이 빠르게 작동했으면 좋겠고, 두더지가 고통받지 않기를 원한다. 그렇지만 안으로 공기와 빛이 들어가는 건 원치 않기에, 마른 흙을 살짝 흩뿌려 덫을 덮어준다. 그러곤 나중에 원래의 모습으로 복원시킬 수 있도록 납작한 잔디 토막을 구멍 위에 가볍게 올려놓는다. 끝으로 덫을 놓은 자리를 다시 찾을 수 있게끔 옆쪽 땅에 작은 깃발을 꽂아둔다. 나는 무릎을 펴고 일어나 그 자리를 떠나는데, 발걸음을 옮기는 동안 다음 날 새로 만들어진 두더지 언덕을 빨리 알아차리기 위해, 그리고 내가 떠나 있는 동안 두더지가 어디서 작업을 하고 있었는지를 알아보기 위해 눈에 보이는 두더지 언덕을 모두 발로 차서 부순다.

덫은 빠르게 설치한다. 일을 빨리 끝마치면 두더지는 미처 무슨 일이 벌어지는지 알아차리지 못할 것이고, 그만큼 쉽게 진정될 것이다. 나는 두더지가 의심을 품고 다른 곳으로 옮겨 가길 바라지 않는다. 만일 그렇게 된다면 모든 걸 처음부터 다시 시작해야 할 것이다. 나는 두더지가 원하는 세상, 녀석이 기대하고 편하게 느끼는 세상을 안겨주기 위해 최선을 다한다. 표적을 정하는 염탐꾼이나 사기꾼처럼. 나는 녀석의 일상을 방해하지 않으며 내 덫들을 눈에 보이지 않는 평범하고 흔해 빠진 것처럼 만든다. 아무래도 긴장을 푼 부주의한 희생물이 잡기가 더 쉽다. 다른 사냥꾼들이 시도했다가 실패한 두더지는 경계심이 커져서 잡기가 더욱 어려워질 뿐이다. 하지만 나는 참을성이 있는 편이다. 녀석을 잡고야 말 것이다.

다음 구역으로 이동해 덫을 놓으면서 나는 일을 그르친다. 땅속에 나무뿌리가 있고, 나는 그 주변을 파낸 뒤 벨트에 달린 전지가위로 그것을 잘라내야만 한다. 이 작업에는 시간이 걸리고, 내부로 공기가 잔뜩 들어간다. 이제 내 앞에는 선택지가 있다. 구멍을 포기하고 다시 흙을 채워 넣거나, 아니면 하던 일을 계속 이어가거나. 실은 너무 늦어버렸다. 아마도 두더지는 어느 쪽에서 공기가 들어오고 있는지 알아차렸을 테고, 어쩌면 이미 굴을 막고 있을 것이다. 나는 내 생각이 틀렸을 경우에 대비해 어찌 됐든 덫을 놓기로 결심한다. 그러고 나선 신속히 다른 구역으로 자리를 옮겨 마음을 진정시킨다. 경계심을 품은 두더지가 이 모든 사건을 일탈적인 일로, 잠시 찾아왔다가 사라지는 위협으로 여겼으면 좋겠다. 녀석이 느긋한 시간을 보내며 긴장을 좀 풀기를 바란다.

나는 조용히, 거의 발끝으로 걸어 자리를 떠서는 다른 어느 곳에, 이어서 또 다른 곳에도 덫을 설치한다. 나는 두더지를 덫으로 포위하려고 애쓰는 중이다. 어쩌면 녀석은 누가 봐도 뻔하고 엉망인, 내가 함정을 판 자리를 알아차리고는 자신의 똑똑함에 우쭐하며 덫을 땅에서 밀어낸 뒤 그것을 피해 굴을 파거나 거기에 흙을 채워 넣을지도 모른다. 그러곤 자신이 문제를 해결했다고, 자신이 인지했던 침입자 문제를 스스로 처리했다고 생각하면서, 자신감을 느끼면서도 무척 두려운 상태로 돌아다니다가, 내가 녀석을 잡으려고 설치해 둔 또 다른 덫에 걸릴 수도 있다. 하지만 그건 그저 나의 환상일 뿐이다.

나는 올가미와 고리와 스프링과 방아쇠 장치가 달린 잿빛의 금속 덫을 숨겨두었고, 그것이 해를 입힐 때까지 기다려야만 한다. 덫은 가만히 기다리고 있다가 찰칵하며 닫힐 것이고, 그러면 한 생명이 끝날 것이며, 그 생명체는 되돌릴 수 없을 만큼 망가지고 짓이겨질 것이다. 그것을 온전한 형태로 다시 되돌려 놓을 수는 없을 것이다. 그것은 그냥 내던져질 것이고 까마귀들이 그것을 먹을 것이다. 나는 먹이 사슬의 일부가 되었다.

내가 예전에 주운 도자기 조각은 지금도 내 호주머니 속에 들어 있다. 그것은 가족, 나, 페기, 떨어져서 자신의 삶을 살아가고 있는 우리 아이들을 생각하게 해준다. 한때는 온전한 하나의 물건이었던 무언가의 조각난 일부들. 그것은 삼각형 모양이고, 내 왼 손바닥에 크게 난 세 개의 주름 가운데 두 개 사이에 거의 완벽히 들어맞는 형태와 크기를 하고 있다. 나는 자연이 얼마나 자주 스스로를 반복하는지에 또 한 번 놀란다.

나는 새 삶을 꾸려나가길 시작하고 있다. 나는 상실감을 느끼지 않고서 놓아버리는 기술을 익혀왔다. 바로 저곳에서 풀을 먹고 자란 양의 털을 잣고 짜서 만든 이 재킷은, 나와 같거나 비슷한 얼굴과 언어를 가진 사람들이 꼬아 제작한 털실로 이루어져 있다. 이것은 내 피부에 닿아 따뜻해지고 닳았으며, 라놀린 오일과 흙의 냄새를 풍기고, 땅의 색깔을 하고 있다. 이것은 썩어서 흙이 될 것이다. 살아 있는 채로 나는 섞여들고, 죽어서도 나는 섞여들 것이다. 땅에서 자라난 자연의 산물을 걸친 채, 나는 내 피부를 통해 자연과 연결되고 자연과 함께 일하며 자연을 계속 살아 있게 한다. 그것은 나를 계속 따뜻하게 해준다. 그리고 겨울이 손아귀를 더욱 움켜쥠에 따라, 땅을 경작하는 모든 이는 축하할 시간이 다가오고 있음을 자신의 마음 깊은 곳에서 꿈틀대는 생명력을 통해 느낀다. 내 어깨에 둘린 이 양모 재킷은 언젠가 여기저기 구멍이 나겠지만, 지금 이 순간만큼은 어깨에 둘린 따뜻한 재킷이다. 곧 멈춰야 할 때가 올 것이다. 어쩌면 영원히, 어쩌면 다음 겨울이 찾아올 때까지.

나 같은 사람에게는 괜찮은 삶이다.

이미 빛은 서서히 사라져가고 있고, 이젠 집으로 향할 시간이다. 나의 집은 텅 비어 있다. 페기는 다른 곳에 가 있다.

2월이 끝나갈 무렵, 나와 함께 아파트에 불법으로 거주하고 있던 히피들 때문에 나는 불안해졌다. 그 히피들에게 고마운 마음이 컸지만, 그들 간에 다툼이 벌어졌고 그래서 난 짐을 챙겨 떠나기로 결심했다. 내게는 새 즈크화와 양말이 있었고, 주머니는 대형 상점에서 일하며 번 돈으로 가득했다. 나는 다시 방랑 생활을 하며 위쪽의 해안과 해안가 마을들로 걸어갔고, 거기에서 다시 작은 시골 마을들을 거쳐 내륙으로 갔다. 부랑자로서의 자신감은 어느덧 커져 있었고, 나는 더 이상 더러운 게 부끄럽지 않았다. 물론 그럼에도 불구하고 내 도보 방랑은 대부분 그 전해와 다를 바가 없었다. 시골, 강가, 바닷가, 길가, 삼림 지대는 반복되었다. 그러나 한여름 즈음 내가 가진 옷들이 너덜너덜해지는 때가 찾아왔고, 내 치아가 안 좋아졌다는 것을 알게 되었다. 야생동물은 이빨을 잃으면 그길로 끝장이다. 나는 몸을 깨끗이 하고 살 곳을 찾아 다른 종류의 삶을 꾸려나갈 필요가 있었다. 그래서 맨체스터까지 걸어가 먼 친척들을 찾아 그들을 가까운 친척으로 만들었다.

그러기까지는 몇 달이 걸렸다. 서두르진 않았지만, 몇 번의 우여곡절을 겪은 뒤 수년 전 와보았다고 생각되는 거리에서 여러 문을 두들긴 끝에 내 어머니의 어머니를 찾아냈다. 외할머니는 문을 열고 나를 안으로 들여보냈고, 뜨거운 물로 목욕을 시켜주었으며, 계란 프라이와 감자튀김을 해주셨는데, 그동안 내가 어디서 지냈는지에 대해선 한마디도 묻지 않았다. 나는 몇 달 후면 열여덟 살이었다. 그다음 주에 나는 맨체스터 피커딜리 역 사무실을 찾아가 철도 신호소 일의 면접을 봤다. 나는 그 역에서 7년을 일했고, 그 후 그곳을 떠나 예술 학교에 입학했다. 그리고 이를 치료했다. 그중 하나는 뽑고 금니를 박아 넣었다.

이 변색된 기억들을 끄집어내고 있자니 그것들에 윤을 내고 싶은, 그것들의 끄트머리를 닦아 다시 빛나게 하고 싶은 유혹을 느낀다. 하지만 그 기억들은 낡고 부서져 그 일부가 사라졌으며, 나는 그것들을 더는 원하지 않는다. 그 기억들에는 녹청이 생겼고, 그것들은 그 상태로 내버려진 채 다시 서랍 속으로 들어가야 한다. 그때의 일들에 대해 생각하고 그것을 글로 쓰는 일은 내 역사를 현재로 끄집어냈으며, 나는 지금도 악몽을 꾼다. 이제는 때묻은 과거에서 걸어 나올 때가 되었다. 과거는 내 성미에 맞지 않는다. 나는 과거 속에 살지 않는다.

나는 고요한 죽음 곁에서 잠을 잤고 여러 번 깼어
오직 생명만이 깨물고 소리를 지르지
들판과 숲과 생울타리에서 그것을 보았어
나는 수백 번, 어쩌면 수천 번이나 그것을 전했지만
그것을 맞이하는 일은 단 한 번뿐일 거야

자연은 친절하지 않아
늙은 오소리는 이빨을 잃고 천천히 굶어 죽어가는데
녀석이 축 늘어져 누워 몇 번의 마지막 숨을 쉬는 동안
쥐들은 오소리의 부드러운 부위를 조금씩 물어뜯지
나는 엉덩이에 기운이 다 빠진 채
헐벗은 나무 아래 얼어 죽어 있는
늙은 여우를 본 적이 있고
일어서는 법을 배우기도 전에
까마귀들에게 눈을 쪼인
갓 태어난 양을 본 적도 있어
근처에 쪼그리고 앉아 그 일이 일어나는 것을 지켜봤지
살이 광채를 잃고 난 후의
뼈를 본 적도 있네

죽음은 자연 속에 사는 이들 가까이에 살지
고요한데 차갑지는 않아
주위의 땅 온도와 비슷하달까
혹은 따뜻한, 피의 따뜻한 온기 정도랄까
그 녀석은 두려워할 것 없는 무언가야
녀석은 내가 나만의 터무니없고 소박한 방식으로 살고
마시고 사랑하고 노래하고 춤추는 법을 가르쳐주는
아무것도 아닌 무언가일 뿐

적어도 어느 날 녀석이 찾아와서는
이 변덕스럽고 무질서한 사랑을 끝내고
자애로운 아버지처럼
어머니가 있는 집으로 나를 데려갈 때까지는

만일 삶이 사랑이라면, 죽음 또한 그러하겠지
나는 끊임없이 사랑에 빠지네.

살생의 의미

엄지손가락 정도 되는 두께의 강철 막대가 라이플 탄환의 속도로 당신의 심장 위 가슴을 때린다고 상상해 보라. 흉곽은 박살 나고 심장은 즉시 멈출 것이다.

두더지가 덫으로 들어올 때 처음으로 느끼는 것은 식물의 뿌리처럼 매달려 있는 무언가일 것이다. 두더지는 그것을 밀면서 앞으로 나아가려고 시도할 것이다. 또한 그것은 녀석이 가장 마지막으로 느끼게 될 무엇일 것이다. 녀석이 그것을 밀면 매달려 있던 철사 방아쇠 장치가 옆으로 흔들리고, 긴 레버의 다른 쪽 끝에 달린 작고 민감한 고리가 살짝 움직이면서 거대한 스프링을 붙들고 있던 핀을 푼다. 그러면 그 거대한 스프링이 녀석의 아래에 있던 두꺼운 철사 올가미를 폭발적인 속도로 바닥 위로 끌어당긴다. 덫은 온통 레버와 스프링으로 이루어져 있다. 두더지가 코로 미는 방아쇠 장치와 녀석을 죽이는 강철 올가미 사이의 거리는, 올가미가 상대의 심장을 때려 즉시 죽일 수 있는 정도로 조정되어 있다. 가끔 움직임이 빠른 두더지는 방아쇠 장치가 작동하기 전에 덫 안으로 더 깊이 들어가기도 한다. 그렇게 복부 쪽이 덫에 걸린 녀석은 더욱더 천천히 죽어갈 것이다. 아마도 몇 분에 걸쳐서.

다음 날 아침, 나는 덫을 확인하러 들판으로 걸어간다. 혹여나 쓸 일이 있을지 몰라 모종삽을 챙긴다. 지면에 낮게 깔린 안개 위로 깃발들과 몇 개의 새로 생긴 두더지 언덕이 모습을 드러낸다. 나는 각 덫으로 조심히 걸어가 손으로 푸석푸석한 흙을 털어내고는 덫이 작동되었는지 확인한다. 만일 작동되었다면, 그것을 빼낸다.

내가 일을 그르쳤던 장소의 덫이 작동되어 있다. 그것을 빼내고 보니 그 안에는 두더지가 밀어 넣은 한 줌의 흙이 들어 있다. 두더지는 무언가가 자신의 세상을 침범했다는 걸 알아차리고는 그것을 둘러 가며 굴을 팠거나 그 아래로 굴을 파서 앞쪽에 위치한 자신의 원래 굴로 들어가기로 결심했던 것이다. 그래도 상관없다. 나는 무릎을 꿇고서, 덫을 깨끗하게 하고 구멍을 깔끔하게 정돈한 다음, 마치 그곳이 새로운 장소라도 되는 양 덫을 다시 놓는다. 논리적으로 따져보면 두더지가 자기 굴의 이 부분으로 돌아오지는 않을 것이기에 이런 작업은 별로 의미가 없을지도 모른다. 녀석은 자신이 그곳을 막았으며 그곳이 더는 존재하지 않는다고 생각한다. 그곳은 과거에 묻혔고, 녀석은 새로운 경로를 뚫었다. 하지만 두더지를 잡는 일은 어느 정도 주술적 사고를 요구하는 법이며, 나는 이런 식으로 두더지를 잡아왔다. 어쩌면 녀석들은 자신의 이익에 지나치게 관심이 많을 뿐인지도 모르고, 아니면 과거에 대해 인식하지 못하는지도 모른다.

같은 구역에서 나는 작동된 또 다른 덫을 빼낸다. 그 안에는 두더지가 들어 있다. 녀석은 첫 번째 덫을 발견하고는 그것을 막아버렸던 두더지일 가능성이 있다. 심장 부근이 덫에 걸린 녀석은 싸늘한 시체가 되어 있다. 녀석은 아마도 내가 덫을 설치한 후 몇 시간 내에 들어갔을 것이고, 돌아다니다가 거기에 들어간 즉시 죽음을 맞이하였을 것이다. 나는 스프링을 꾹 눌러 녀석의 몸을 땅에 떨어뜨린다. 그러곤 또 다른 두더지가 이제는 주인이 없어진 굴로 들어올 경우를 고려해 그곳에 다시 덫을 설치한다. 어쨌거나 나는 구태여 그 덫을 도로 가져갈 필요가 없다. 나는 자리에서 일어나려면 두더지 탐색용 막대기를 지팡이처럼 사용해서 도움을 받아야만 한다. 지난 수년간 무릎을 구부렸다 폈다 하느라 나는 허리가 아프다. 내일 돌아오면 이 구역에는 새로 생긴 두더지 언덕이 없을 것이며, 작동된 덫도 없을 것이다. 나는 녀석의 사체를 가방에 넣고는 다음 구역으로, 덫을 놓은 다음 장소로 발걸음을 옮긴다.

때로 나는 사냥감의 냄새를 맡다가 덫을 파낸 오소리나 여우 때문에 덫을 잃어버리기도 한다. 그 자리는 누가 봐도 엉망이 되어 있는데, 가끔 운이 좋으면 들판의 저 아래 거친 곳에서 텅 빈 덫을 발견하기도 한다.

간혹 짝짓기 철에 덫을 빼내면 그 안에 두더지 두 마리가 잡혀 있을 때도 있다. 녀석들은 마치 키스를 하려고 서로에게 다가갔으나 끝내 성공하지 못한 것처럼 항상 얼굴을 마주하고 있다. 녀석들은 어쩌면 짝짓기 상대를 찾느라 굴을 공유하고 있었는지도 모른다.

내 손에는 죽은 두더지가 한 마리 들려 있다. 녀석의 목과 어깨 근육을 통해 팔의 짧고 튼튼한 뼈를 느낄 수 있다. 몸통을 뒤집으면 녀석은 내 손바닥 위에서 차갑게 털썩 드러눕는데, 녀석의 배에는 희미한 금색 줄무늬가 나 있다. 배를 누르면 분홍색 성기가 볼록 튀어나온다. 나는 녀석의 성별이 무엇인지 알 수 없다. 그것을 알아내는 유일한 방법은 배를 갈라 난소가 있는지 없는지 찾아보는 것뿐이다.

과거에 나는 두더지 가죽으로 내가 할 수 있는 것이 있을지 알아보고자 두서너 마리의 가죽을 벗겨 그것들을 보관한 적이 있다. 나는 날카로운 칼로 배를 부드럽게 베어 가르고는 내장을 감싼 피막으로부터 가죽을 벗겨냈다. 무척 주의를 기울였다. 피는 흐르지 않았고, 그저 한 마리의 발가벗겨진 두더지가 있을 뿐이었다. 한쪽 끝에는 단단하고 피로 가득 찬 분홍빛 근육이 들어 있고 다른 쪽 끝에는 부드럽고 흐물흐물하며 시퍼런 내장이 들어 있는 반투명 가방 같았다. 지방 같은 것은 전혀 없고, 단지 근육과 내장이 있을 뿐이었다.

두더지의 가죽은 얇고 손상되기 쉬운데, 건조와 보존 처리를 한 후에는 결국 10제곱센티미터 넓이로 줄어들고 반투명한 색깔이 된다. 내 책상 서랍에는 그것이 두 개 들어 있다. 그 가죽은 쓸모가 없다. 두더지 가죽은 사람들이 가죽을 입던 과거 시절엔 모피 상인들에게 귀한 대접을 받곤 했다. 플라이 낚시꾼들 가운데 자연 소재의 미끼를 선호하는 사람들은 여전히 미끼를 묶는 데 두더지 가죽을 사용하는데, 그들은 한 번에 아주 적은 가죽 털만 써도 날아다니는 곤충의 털처럼 보이게 만들 수 있다. 두더지 가죽 하나면 한 명의 플라이 낚시꾼이 수년은 사용할 수 있다. 과거의 두더지 사냥꾼들은 두더지 가죽을 모피 상인들에게 팔아 짭짤한 부수입을 올릴 수 있었다. 이제 녀석들의 가죽은 아무런 가치도 없다. 그것은, 내가 종종 땅에서 찢어진 누더기 조각의 형태로 파내곤 하는 썩지 않는 비닐 소재 직물로 대체되었다. 두더지는 딱 봐도 먹기에 좋아 보이지 않는다. 물론 시도해 본 적은 한 번도 없다.

오늘 나는 이 들판에서 총 여덟 마리의 두더지를 잡았다. 모든 덫이 또다시 설치되었고, 나는 내일 다시 찾아올 것이다. 이번에도 나는 새로 생길 두더지 언덕들을 알아볼 수 있도록 이곳을 떠나며 그것들을 발로 차 부순다. 밴으로 돌아가는 길에 가방에서 두더지 여덟 마리의 사체를 꺼내 까마귀가 먹을 수 있게 울타리 안으로 던져둔다.

이 고독한 직업은 나를 동물처럼 느껴지게 만든다. 나는 그동안 정말 많은 것을 얻었고 아주 많은 것을 잃었다. 나는 내 본성을 이해하게 되었다. 매일 하루가 끝날 때마다 나는 집으로 돌아가 샤워를 하고는 다시 인간의 가죽을 걸친다. 어떤 것들은 오직 다른 것들과의 상호 작용을 통해서만 그 모습을 드러낸다. 그 다른 것들 없이는 인간다움 또한 존재할 수 없다. 오로지 인간만이 연민을 보인다. 나는 하루하루를 혼자 보내는 일에 지친다. 이 미궁, 이 고독한 걸음에 지친다.

나는 두더지 언덕에서 주웠던 삼각형 모양의 도자기 조각을 손에 쥐고 있다. 오늘 아침, 내 호주머니에서 그것을 발견했다. 그 도자기 조각은 파란색과 흰색을 띠고, 크기에 비해 무겁고 두꺼우며, 응고된 하얀 크림 같다. 간혹 우유에서 보이는 것과 같은 살짝 푸른빛, 희미한 우윳빛의 푸른 기가 돈다. 아마도 접시였을 이것의 가장자리는 테를 따라 부드럽게 곡선을 이루고 있는데, 깨진 끄트머리 부분은 날카롭고 우둘투둘하다. 무늬는 색이 바랜 파란색이다. 아마도 꽃의 나머지 부분이 아닐까? 무늬의 나머지가 무엇이었을지 상상해 보기에는 그 부분이 너무 작다. 그저 이파리의 일부분일 뿐이다. 이 도자기 조각은 아주 오래된 느낌이 난다. 누군가가 한때 그것을 사용했다. 어떤 사람이. 어쩌면 어느 노부인이 거기에 고기와 야채를 담아 먹었는지도 모르고, 혹은 어느 날 깨져서 버려지기 전까지 캐비닛에 진열되어 있었는지도 모른다.

나는 집으로 가서, 내가 망가뜨렸으나 스스로 자신을 치료한 나의 무당벌레와 함께 있고 싶다. 서로가 자유롭게 필요한 것들을 챙겨주는, 부인과 남편과 고양이로 이루어진 우리의 소박한 삶. 나의 가족. 이 말이 내게는 낯설게 느껴진다.

얼굴에 발진이 난 고슴도치 한 마리가
지독히 피를 빨아대는 반들반들한 암청색 진드기들을
몸에 달고 지나가더군
나는 그 진드기들의 몸뚱이가 내 엄지손가락 아래로
블루베리처럼 뭉개지는 걸, 그리고 그 기생충들이 죽으며
고슴도치의 생혈이 터져 나오는 걸
느껴보고 싶었지

그렇긴 해도, 그 녀석들은
고슴도치나 나만큼이나 생에 대한 권리가 있을 텐데
그 권리란 결국 살거나, 살지 않거나, 죽을
가능성에 불과한 것일 뿐
나는 고슴도치와 그 몸에 달라붙은 진드기들을 그냥
　　보내주었어

오늘 아침 물집이 잡힌 두 손
오랜 세월 내내 삽을 들어서 집게발처럼 굳어버렸지만
그럼에도 손잡이를 다시 꽉 붙드네
약간의 고통
하지만 비 냄새를 머금은 바람의 기쁨을

앗아 갈 만큼은 아니지.

두더지 언덕

나는 두더지가 두더지 언덕에 살지 않는다고 말했지만, 그 말이 늘 옳은 것은 아니다. 드물게도 두더지가 사는 특별한 종류의 두더지 언덕이 존재한다. 나는 간혹 짝짓기 철에 아주 커다란 두더지 언덕을, 어쩌면 뒤집어진 외바퀴 손수레나 양 한 마리 크기만 할 두더지 언덕을 발견한 적이 있다. 땅이 얕거나 물에 잠겨서 지하에 보금자리를 만들 수 없게 되면, 새끼를 밴 암컷은 엄청나게 큰 두더지 언덕을 만들고는 그 안을 마른 풀과 나뭇잎으로 채울 것이다. 두더지 사냥꾼들은 이를 요새라고 부른다. 만일 당신의 정원에 요새가 생겼다면, 정말이지 당신은 아주 운이 없는 거다.

나는 두더지 문제를 해결하기 위해 어느 작은 정원에 불려 간 적이 있다. 건축업자가 돌무더기를 쌓아 그 위로 얕게 조성한, 영국식으로 깔끔하게 손질된 평평한 잔디밭 위에는 마치 누군가가 그곳 한가운데에 손수레로 생흙을 한두 번 부어놓기라도 한 듯 보이는 것이 있었다. 바로 거대한 요새였다. 거대한 두더지 언덕의 사방에는 갓 만들어진 매우 평범한 두더지 언덕 수십여 개가 있었다. 담장 너머의 운동장 가장자리에 있던 암컷 한 마리가 이곳에 자리를 잡은 것이었다. 수컷들이 사방에서 모여들고 있었다. 나는 그 작은 정원을 매일같이 찾아갔고, 총 스물네 마리의 두더지를 끄집어냈다. 정원 전체를 파내고 잔디를 다시 심어야 할 지경이었다.

두더지들은 물론 돌아올 것이다. 담장 반대편에 빽빽이 자리한 생울타리는 앞으로 수년간 새끼 두더지들을 확실하게 공급해 줄 것이다.

두더지는 가진 게 있다. 많지는 않아도, 없지는 않다. 침실이 여러 개 있는 친숙한 집, 집을 청소하고 음식을 모으는 규칙적이고도 예측 가능한 일, 그리고 먹이를 보관해 두는 한두 개의 저장실.

지렁이는 애초에 갖고 있던 꼬리 부분을 잃으면 새

로운 몸체가 자라나는 부러운 능력을 지녔다. 새 꼬리가 자라는 데는 4주에서 6주 정도가 걸리는데, 그 시기에는 땅을 파지 못한다. 그리하여 풍요로운 시절을 맞은 두더지는 굴의 벽을 파서 작은 방을 하나 만든 다음, 지렁이를 잔뜩 모아 그것들의 한쪽 끝을 물어뜯고는 그 방에 한데 뒤엉킨 채로 내버려 둔다. 우리는 이것을 지렁이 저장실이라고 부른다. 이는 꽤나 흔한 광경이다. 하나의 굴 조직망 내에는 지렁이 저장실이 얼마든지 있을 수 있다.

지렁이 또한 두더지와 마찬가지로 앞을 보지 못한다. 지렁이는 햇빛을 감지해서 그로부터 몸을 피할 수는 있지만, 아무것도 보지는 못한다. 지렁이는 몸에 난 아주 작은 털을 통해 세상을 감각한다. 그 역시 자웅동체다.

이제는 겨울 공기가 얼얼할 정도로 추워지기 시작했다. 날은 짧고 축축하다. 그리고 나는 내가 정말로 할 만큼 했다는 기분이 든다. 나를 받아주는 저 야생의 장소들은 이제 나의 일부가 되었고 그곳들은 내 피부에, 내 세포에, 내 성격의 일부에 새겨져 있지만, 나는 춥다. 추위는 내게 새로운 감각이고, 그 감각은 나를 성가시게 하기 시작했다. 나는 북부 지방 사람이고, 어떤 강도의 추위라도 견더낼 수 있는 내 능력에 항상 자부심을 느꼈었다.

가족과 함께 몸을 웅크린 채 있고 싶은 나날이다. 나의 세상은 변하고 있다. 나는 앞으로 절대 일어나지 않을 일들을 인정하고 있고, 전혀 예상하지 못했던 일들을 받아들이고 있다. 사물들과 사람들이 떠나면서 남겨진 공간, 채워야 할 공백의 우울감에서 비롯된 또 다른 자유가 생겨났다. 우리가 키워온 아이들은 이제 보금자리를 떠나 자기만의 보금자리를 만들어가고 있다. 아이들이 쓰던 옷과 기계와 책과 CD와 지저분한 접시, 양말이 잔뜩 담긴 세탁기, 우리가 아이들에게 음식을 차려줄 때 사용하곤 했던 커다란 냄비, 여분의 옷장들까지, 이것들은 모두 사라졌다. 우리는 원하면 밤새도록 집 밖에 있을 수 있다. 전혀 집으로 돌아갈 필요가 없다. 이 새로운 자유는 무척 친숙하게 느껴진다. 아무 데도 갈 곳 없이, 한순간에 탈출해서 도처에 펼쳐진 위대함을 받아들이는 일 말고는 아무것도 이룰 것 없이, 시골 지역에 난 길을 걷는 듯한 친숙한 느낌이다.

나의 붕괴된 가족과, 관계와, 미완의 사건들에 얽힌 조각나고 흐릿하고 불완전한 역사를 돌이켜보면, 그곳에는 나를 완전함으로 이끄는 이 길, 나를 자가 치유로 이끄는 일종의 중력이 있었다. 앞을 내다봐도 아무것도 보이진 않지만, 그 끌림과 살아남고자 하는 의지는 나를 앞으로 넘어지게 해주며 갈라진 틈들은 내 뒤에서 천천히 채워진다. 하루가 끝날 때마다 나는 충만함을 느끼는데, 어쩌면 이것은 그저 변화를 받아들이는 것 이상의 무엇인지도, 어쩌면 이것은 또 다른 '생성生成'인지도 모른다.

그래서 나는 이제 말라버린 카우 파슬리 줄기와 검은딸기나무 그리고 내 옆으로 흐르는 강의 잔물결에 둘러싸인 이 들판을 다시 한번 바라보고, 그러고는 걷는 일에 대해 생각에 잠긴다. 그저 한 발 앞에 또 한 발을, 몇 번이고 계속해서 내딛는 일에 대해.

뒤편의 숲은, 바람을 맞는 잎사귀들의 백색소음이
청록빛 가을 바다의 물머리에 이는 포말처럼
밀려오는 가운데 그 위로 솟구쳐 오르는
새소리로 가득하네

그리고 나는 기억한다네
당신이 햇살이던 때를
나를 향해 내리쬘 수 있도록
내가 당신을 공중으로 던져 올려주던 때를 기억한다네
당신은 늘 공중에 있었지
당신은 늘 별의 형상을 하고 있었어

지금의 당신 모습 저 멀리
내가 알던 당신이 있네
조개껍질과 레고 블록을 줍던 시절
음식과 잠잘 시간과 옷과 학교와 어질러진 집에 대해
　　언쟁을 벌이던 시절의 당신이
난 내가 무엇을 남기고 가게 될지 궁금해

그곳엔 내가 알지 못하는 당신이 있지

당신 삶 속의 타인들과 당신이 느끼는 감정
당신은 이제 내게 바라는 게 아주 적어 보이지만
그래도 나는 여전히 줘야만 하네

오렌지 값을 깎으려는 이웃들과의
뜻밖의 만남과 생기로 채워진
시장의 부주의하고 거친 에너지가 당신에게는 있어
단지 바라보는 것만으로 만족한 채, 나는 당신이 움직이는
걸 보네

당신은 그것을 앞으로 나아가는 것으로, 나는 그것을
멀어지는 것으로 여기지
나는 당신에게 그 길이 얼마나 짧은지 말해주고 싶지만
당신이 그걸 알 필요가 있을까, 적어도 아직은
나는 당신에게 텅 빈 무게를 안겨주고 싶진 않네

대신에 나는 당신에게 깃털을 주고 싶어
매일 당신에게 당신 어머니에 대한 내 사랑을 보여주지
페기와 내가 함께 소리 내며 웃고
서로를 안을 때

그것이 당신을 어떻게 미소 짓게 하는지를 나는 보았네

그걸로 충분하길 바랄 뿐

그것 말고는 남겨둘 게 거의 없네

별로 없네.

마지막 사냥

유럽두더지는 영국 전역과 유럽 대부분에서 흔한 종이다. 두더지는 4500만 년 전에 뾰족뒤쥐를 닮은 조상들로부터 진화했으며 털북숭이 매머드, 고양잇과 맹수들, 그리고 네안데르탈인의 조상들 발아래서 땅을 팠던 오래된 생명체다. 우리의 두더지, 탈파 유로피아는 빙하 시대 이전부터 이곳에서 지렁이를 먹어왔다. 지렁이는 두더지보다 훨씬 오래전부터 이 땅에 있었다.

영국 제도에 두더지 사냥꾼이 처음 등장한 것은 기원전 54년 무렵이었다. 그들은 자신의 포도 덩굴과 다른 작물들이 두더지에 의해 뿌리째 뽑히길 원치 않았던 고대

로마인들이었다. 그들은 자신의 화원이 훼손되지 않길 바랐고, 그 이후로 두더지 사냥꾼은 쭉 존재해 왔다. 나는 고대 로마인들이 두더지를 잡던 방법과 똑같은 방법으로, 즉 두더지의 행동 양식을 익히고 굴을 탐색한 뒤 무릎을 꿇고서 덫을 놓는 방법으로 녀석들을 잡는다. 두더지를 잡는 이유는 똑같다. 유일한 차이는 덫이 약간 더 발달했다는 것뿐이다.

중세 시대의 두더지 사냥꾼은 이 고장에서 저 고장으로 떠돌아다니며 사람들의 땅에서 두더지 언덕을 찾으러 다녔던, 돈을 벌기 위해 집집마다 문을 두들기곤 두더지를 잡아주었던 부랑자들이었다. 초기의 일부 두더지 사냥꾼들은 거의 마술적인 힘을 지닌 존재들로 여겨졌다. 그들은 현자賢者와 치유자로서 장사를 하면서 두더지의 손과 털가죽으로 만든 부적을 팔았고, 물약을 만들어 팔았다. 나쁜 동물이 창궐하는 일이 질투 많은 마녀들의 소행으로 여겨지기도 했던 시대에, 그들은 단지 막대기와 끈만으로 덫을 만들어 '흙을 움직이는 자' 몰디워프를, 숨겨진 어둠의 존재이자 외견상 눈이 없고 귀도 없고 성별도 없는 그 작물 파괴자를 잡을 줄 아는 마법사들이었다.

중세의 두더지 사냥꾼들은 농장에서 농장으로, 마을에서 마을로 떠돌아다녔다. 때로 그들은 말과 포장마차로 이동하기도 했지만, 보통은 꾸러미와 막대기를 들고 걸으며 내가 소년 시절에 그랬듯 생울타리에 에워싸여 잠을 잤다. 어쩌면 내가 했던 여행은 필연적이었는지도 모르겠다. 그 두더지 사냥꾼들의 막대기 한쪽 끝은 땅을 살필 수 있도록 뾰족하게 깎여 있었으며, 다른 쪽 끝에는 굴을 팔 수 있는 작고 납작한 삽이 달려 있었다. 그들은 농부들이 몇 마리의 값을 지불해야 하는지 알 수 있게끔 덫에 걸린 두더지들의 사체를 울타리나 덤불 위에 걸어 놓곤 했다. 그것은 몇몇 시골 지역에서 지금까지도 행해지는 일이고, 나도 그래본 적이 있다. 간혹 까마귀나 여우가 울타리에서 두더지의 사체를 가져가서 두더지 사냥꾼이 돈을 받지 못하게 되거나, 오소리가 덫을 파내 가져가 버리는 경우도 있다. 그것도 다 이 일의 일부다.

두더지 사냥꾼은 늘 벌이가 좋았다. 빅토리아 시대의 두더지 사냥꾼은 지역 사회로부터 연봉을 받곤 했다. 그들은 한 번에 여러 개의 교구에서 일할 수 있었고, 그중 몇몇은 매우 부유해졌다. 두더지 사냥꾼들은 자신의 사업을 지키고 스스로의 영역을 확장하기 위해 자기들만의 기술을 잘 보존했으며, 혹 압박이라도 받게 되면 잘못된 정보를 주는 일도 서슴지 않았다.

아직까지 살아 있는 사람들의 기억에 따르면, 떠돌이

생활을 하는 두더지 사냥꾼들은 농장에서 농장으로 이동하며 인근 마을의 소식을 전하곤 했다. 나의 이웃이자 웨일스 농부의 딸인 한 분은 두더지 사냥꾼, '투르후르twrchwr'가 마을로 오던 걸 기억한다. 그 두더지 사냥꾼은 일이 끝날 때까지 농가에서 식사와 숙소를 제공받곤 했다.

나는 덫을 확인하기 위해 세 번째로 들판에 나간다. 새로 생긴 두더지 언덕은 없다. 일은 끝났다. 나는 내가 잡는 두더지 한 마리마다 정해진 값을 청구한다. 만일 한 마리도 잡지 못했으면 아무것도 청구하지 않는다. 그런 일은 절대 일어나지 않는다. 나는 고객에게 청구서를 건네고, 남아 있는 두더지 언덕을 모두 긁어내고, 덫을 모두 끄집어낼 것이다. 들판을 걸어 내려가 가장 가까이에 있는 덫부터 꺼내기 시작한다. 이 일에는 내면의 여행도, 미로처럼 복잡한 산책도, 동물도 없으며 그저 땅속에서 금속 장치들을 끄집어내 흙을 털고 사체를 모으는 한 사람이 있을 뿐이다. 일의 쉬운 부분을 끝내버리고서 집으로 돌아가 몸을 따뜻하게 녹이길 바라는. 위스키 한 잔을 마시고서 몸을 웅크릴. 나는 차갑게 죽어 있는 두더지 다섯 마리를 더 끄집어낸다.

내가 꺼낸 덫 중 하나에는 두더지 한 마리가 배 부분

을 꽉 붙들린 채 잡혀 있고, 여전히 산 채로 벗어나려는 몸부림을 치고 있다. 녀석은 내상을 입었을 것이고, 죽게 될 것이다. 내가 아무것도 하지 않는다면 녀석은 천천히 죽어갈 것이다. 내게는 선택의 여지가 없다.

나는 심장이 마구 뛰고, 죽지 않은 두더지에게 영문을 알 수 없는 화를 느낀다. 지금 내가 해야만 하는 이 일이 전혀 달갑게 느껴지지 않는다. 나의 사랑스러운 세상이 망가져 버린 것에 대해 좌절감이 들고, 이 일에서 느끼는 나의 기쁨은 발가벗겨졌다. 나는 두더지를 덫에서 풀어주고, 녀석은 땅에 떨어져 몸부림친다. 이제 나는 녀석 옆에 무릎을 꿇고 앉아 모종삽 뒷부분으로 녀석의 머리를 재빨리 내리쳐야 한다. 나는 녀석이 죽을 때까지, 녀석의 코에서 피가 흘러나올 때까지 녀석을 세게 다섯 번 내려쳐야만 한다.

나는 어떤 종류의 변화가 찾아오고 있다고 한동안 느껴왔고, 이것이 바로 그것임을 즉시 알아차렸다. 이번이 나의 마지막 두더지잡이가 될 것이다. 나는 무언가를 내 손으로 죽일 일이 거의 없었다. 밤새 나를 위해 그 일을 조용히 처리해 준 기구를 사용한 일을 제외하면. 그 시간에 나는 거기 없었다. 나는 나 자신이 위선자에 겁쟁이로 느껴졌다. 화가 났고, 슬펐다. 이 일을 하기 전까지 나는 그 어떤 것도 나의 맨손을 사용해 고의로 죽인 적이 없었다. 어쨌거나 포유동물을 죽인 적은 없었고, 모기보다 큰 것을 죽인 적도 없었다. 왜 그 둘이 구별되어야 하는지에 대해선 생각해 보고 싶지 않지만.

나는 저주받은 몸으로 자리에서 일어났고, 마치 그것이 내게 불쾌감을 주기라도 했다는 듯 사체를 생울타리 안으로 던져버렸다. 나는 내가 이제 막 나의 익숙한 세상으로부터 걸어 나와 내가 누구인지 더는 알 수 없게 되어버린, 내가 두더지 사냥꾼이 아닌 완전히 새로운 세상 속으로 걸어 들어왔다고 느꼈다. 나의 굴속으로 산소가 밀려들어 왔다.

이상하게도, 내가 이어서 느낀 감정은 일종의 자유였다. 나는 미궁으로부터 해방된 느낌이 들었다. 모든 게 변했다. 수십 년 전, 배낭을 메고 길을 떠나면서 모든 게 변했던 것처럼. 문득 내가 방금 전에 죽인 두더지에게 고마움을 느꼈다. 혼란스러웠지만, 들판을 떠나며 죽은 두더지에게 "고마워."라고 말했고 조금 전 나에게 무슨 일이 일어난 것인지 생각했다. 쫓고 있던 것을 잡으면 그 일은 그걸로 끝이다. 어쩌면 때로는 그저 사냥만 하고 잡지는 않는 것이 더 나은 일인지도 모르겠다.

날은 어두워지고 있지만 나는 밝은 빛을 느낀다. 마치 이 순간을 지금껏 기다려오기라도 한 것처럼. 어쩌다 내가 두더지 잡는 일을 시작하게 되었는지부터 생각해 본다. 그리고 살생을 정당화하고자 스스로 몸부림을 치던 기억과, 또 이전에 언젠가 이 일이 과연 내가 할 수 있는 일인지, 이 일을 하면 내가 어떤 종류의 인간인지 더 잘 이해하는 데 도움이 될는지 궁금해했던 기억을 떠올린다.

나는 내가 어떤 인간인지 아직도 모르겠다. 그 문제가 더 이상 중요하다고 생각하지 않는다. 확실한 것은 없다. 그저 경험만이 있을 뿐이다. 어쩌면 모든 건 그저 변명에 지나지 않으며, 결국 우리는 우리가 믿길 원하는 것을 믿기로 결정해 버리는지도 모른다.

하루가 끝나가고 있다. 농부가 들판 꼭대기에 있는 자신의 트랙터를 떠나 울타리를 따라서 내 쪽으로 걸어오고 있다. 흐릿한 형체에서 점점 농부의 모습으로 변하는 그는, 굽은 지팡이를 든 채 나의 세상 속으로 들어온 온전하고 완전하고 균형 잡힌 한 남자가 되고, 나는 그의 세상 속으로 들어온 한 남자가 된다. 나는 그를 바라본다. 그의 걸음걸이, 그의 구부정한 자세, 그의 옷, 그의 흰 머리로 얼룩진 머리, 그의 나이. 그도 나에게서 똑같은 것들을 볼 것이다. 우리의 다른 두 세상이 나란히 놓이고, 나는 그저 한 인간으로 존재한다는 게 어떤 것인지 깨닫게 된다. 뿔도 없고, 미로도 없이, 그저 자신의 키와 몸무게, 턱수염과 벗겨진 머리, 옷과 손에 묻은 흙을 자각하는 진흙투성이의 인간.

우리는 서로 눈을 마주치기도 전에 소통한다. 겉모습과 걸음걸이를 통해 무의식적으로 가늠하고 분류하면서, 그리고 사회적 계급과 수입과 생활 방식을 판단하고 정치적 입장과 철학과 신념을 추론하면서. 그는 손을 내밀어 악수를 청하고, 미소를 지으며 목소리를 낸다. 우리는 서로에게 입을 열고는 우리 자신만의 언어로, 우리 자신만의 각기 다른 억양으로 대화를 나눈다. 그것만으로 그림은 거의 완성된다. 다른 것들은 중요하지 않다.

이 남자는 내가 며칠 만에 처음으로 만난 사람이다. 우리는 기후 변화에 대해, 12월에 피는 장미에 대해, 그리고 더 이상 겨울 같지 않은 겨울에 대해 이야기하고, 그는 내게 재킷을 안 입었는데 춥지 않나요? 하고 묻는다. 그는 울타리 문에 기댄 채 내게 예전의 이야기를 들려준다. 그는 친구 무리와 함께 손으로 가축의 젖을 짰었다. 그러나 이제 그의 마을은 낮에도 조용하다. 마을에는 온갖 BMW와 레인지로버가 주차되어 있다. 농장들은 그저 사람들의 정원이 되었다. 여전히 생산력을 가진 농장은 그의 농장뿐이다. 그의 농장 굴뚝은 활기로 가득하다. 그는 외로운 사람이다. 비록 그렇게 말을 많이 하진 않았지만. 그는 '페이스북'이 뭔지 알고 싶어 했다. 그의 손주들은 그가 물어보자 그냥 웃음을 터뜨렸다고 했다. 나는 그에게 알아봤자 별 소용이 없을 거라고 말해주었다.

나는 그에게 죽은 두더지 몇 마리를 보여주고, 열세 마리에 대한 값을 청구한다. 내가 잡았지만 살아 있었던 한 마리는 그 수에 포함시키지 않는다. 그 두더지는 나를 위한, 오직 나만을 위한 두더지였다. 그는 현금을 꺼내어 셈을 한다. 우리는 투박한 손으로 악수를 나누고는 각자 갈 길을 간다. 나는 자신의 트랙터 쪽으로 터벅터벅 걸어 올라가는 트위드 옷을 걸친 그의 굽은 등을 바라보다가, 순간적으로 그에 대한 넘치는 애정을 느낀다. 나는 까마귀들이 먹을 수 있도록 시퍼런 사체들을 생울타리로 던진다. 나는 까마귀가 좋다.

우리의 두 세상이 부딪치고 서로의 이야기를 조금씩 공유하고 나서는, 천천히 서로에게서 멀어져 각자 하던 일로 돌아가 상대방에 대해 거의 잊고 만다. 어쩌면 약간의 온기는 간직하겠지만 말이다. 깨져버린 나의 고독은 이제 더욱 잦아들기 어려워졌는데, 하지만 울새 한 마리가 날아오더니 겨우 팔 하나 길이 정도 떨어진 거리에서 내게 노래를 불러준다. 울새 한 마리나 검은지빠귀 한 마리 정도는 주위에 늘 있다. 해가 기울면서 나의 하루 일이 짧다는 사실을 떠올려주지만, 밤은 길고 페기는 집으로 돌아올 것이다. 삶은 예전과 달라졌다. 비가 오려고 한다. 먹구름이 무겁게 내려앉았다.

호주머니 속에서 도자기 조각을 쥐고 그 끝으로 내 엄지를 눌러본다. 엄지를 꾹 찌르니 조금 아프다. 이것은 즐거운 느낌으로, 고통보다는 가벼운 통증에 가깝다. 내 손을 파고드는, 땅에서 주운 이 역사적 조각. 내 것이 아닌, 다른 누군가의 기억. 찌르는 걸 멈추자 기분이 좋아지고, 나는 그것을 생울타리로 던져버린다. 그걸 만지작거리는 일도 이제는 끝이다. 살아 있는 것들을 망가뜨리는 일도 이제는 끝이다. 역사도 이제는 끝이다. 땅을 파는 일도 이제는 끝이다.

헛간과 양과 케일밭 옆의 돌멩이들 위로 개울이 요동치며 흐르고, 마침내 비가 내리기 시작한다. 언덕 아래로 보이는 마을에 불이 켜지고 짧은 겨울의 낮이 밤으로 변하는 동안, 나는 구불구불한 길을 따라 내려가며 또 다른 한 마리의 사냥감을 쫓는 또 다른 한 마리의 짐승이 된다. 박쥐들은 내 늙고 차가운 머리 주위를 맴도는 벌레들을 잡아먹으며 날아다니고, 나는 따뜻한 식사와 위스키 그리고 페기와 우리의 침대를 생각한다.

잠시간 마을이 환하게 밝혀지는 것을 바라보며 나는 서로 이어져 있으면서도 모순되는 감정인, 이 삶에 대한 사랑과 슬픔을 동시에 느낀다. 그러고는 황혼 속에서 나의 주차된 밴으로 돌아가 진흙투성이 도구들과 덫이 든 가방을 뒤쪽에 내던진 뒤, 쏟아지기 시작하는 뇌우를 뚫고 밴을 몰아 좁은 길을 따라 달리며 순수한 웨일스어 이름이 붙은 마을들을 통과한다. 하루가 저물어가는 가운데, 어둠 속으로 향한다. 집으로 가서 나의 무당벌레, 페기를 껴안고cwtch*, 그녀에게 내가 더 이상 두더지 사냥꾼이 아니라는 걸 말해주려고.

* 저자 주: 'cwtch'는 'cuddle(껴안다)', 'comfort(위로하다)', 'hold(안다)' 등을 뜻하는 고대 웨일스어다. '휴식을 취하다'를 의미하는 고대 영어 단어 'cotch'는 그로부터 파생된 것이다.

나는 그녀를 할퀸 나의 뿔들을 잘라버렸고

잘리고 남은 부분을 거울처럼 빛나게 닦았네

그녀 스스로 자신이 얼마나 아름다운지 볼 수 있게

나는 허구의 기억으로부터 다시 몸을 돌려서

지난날의 음울한 이야기들로부터 등을 돌려서

들판과 생울타리 너머 멀리 있는 자연의 얼굴을

산, 구름, 한 줄기 빛과 얼굴을 마주한 채

황혼녘 젖은 들판에 서 있는 것과 같은

단순한 진실을 향하지

그리고 잠시 느끼네

이걸로 충분하다고

양들이 기대고, 한때 켈트족이 자신들의 피부에

문신을 그려 넣었던, 그리고 떼까마귀들이 선회하고

가축들이 쳐다보며 풀을 씹는 어느 오래된 요새의 언덕에서

나는 이 땅에서 주어진 마지막 십 년을 살고 있는지도 몰라

불가피한 종말에 이끌린 채로

나는 두려움 없이 부름에 따르지

행복한 마음으로 집에 갈 준비를 하고서

진실은 아주 작은 것들 속에 숨어 있어
꼬박 3년 전에 쓰러지는 걸 지켜본 나무의
그루터기에 앉아 있으니
딱정벌레 한 마리가 내 고요한 손 위를 기어가네
그루터기는 이제 갈색에다 완전히 썩어 바스러져 흙으로
돌아가기 직전이고
진실은 고함을 지르며
이 씨앗 속에서 격렬히 터져 나온다
나의 페기의 머리 색깔을 한, 두르르 말리고 얼어붙은
잎사귀들이
산들바람에 박수를 보내네

하늘은 폭풍으로 노랗게 빛나고, 나는 그것의 방문을
환영해
지나고 나면 너무 금방 지나가 버린 것처럼 느껴질 그
기다림을
나도 이제는 바라보고 기다리고 즐길 때가 되었지
덫에 걸려 차갑게 죽어 있는 시퍼런 두더지들은 기다릴 줄
알아

마른 채로 서걱거리는 씨방 달린 줄기들은 기다릴 줄 알고

여전히 눈부신 풀들도 기다릴 줄 아네

검은딸기나무와 너도밤나무 생울타리, 사과나무 들도

기다릴 줄 알지

나는 집으로 가고 있네.

또 다른 삶

두더지 사냥꾼들은 지난 몇 년간 다시 모습을 드러내왔다. 온라인에 접속하면 그들을 잔뜩 찾을 수 있는데, 예전에는 그 수가 매우 적었었다. 우리 중 몇몇은 남아 있는 소수의 전통적인 사냥꾼들에게서 기술을 배웠고, 다른 이들은 강의를 듣기도 했다. 최근의 조사에 따르면, 영국에는 약 300명의 두더지 사냥꾼이 등록되어 있다. 독립적으로 활동하는 이 방랑자들에게 기생하면서 이들을 현대의 규제된 세상에 억지로 적응시키는 일을 하는 각기 다른 등록 협회들과 기관들은, 자기들끼리 회원 자격과 입법, 교육 등을 둘러싸고 전쟁을 벌이는 중이다. 나는 한동안 그 몇 군데의 회원으로 있었지만, 지금은 아니다. 나는 어떤 곳에 아주 오랫동안 회원으로 남는 부류는 아니다.

두더지 사냥꾼들이 돌아온 이유는 스트리크닌이 불법화되었기 때문이다. 또한 방치된 농지, 현대식 농법, 그리고 녹지에 들어선 건물들의 등장은 곧 예전에는 두더지를 보기 어려웠던 곳에서 지금은 볼 수 있게 되었음을 의미한다. 고속도로 변의 풀밭에서, 교외의 공원에서, 그리고 이전에는 그냥 들판이었던 학교 운동장과 경기장 주변에서.

노란 굴착기와 불도저 들이 내가 예전에 두더지를 잡곤 했던 몇몇 장소에 일찌감치 들어왔고, 두더지들은 조용해질 때까지 다른 곳으로 피신했다. 녀석들은 돌아올 것이고, 새로 지어진 집을 구입하는 사람들은 자신의 잔디밭에서 흙이 튀어 오르는 광경을 보게 될 것이다. 그리고 그들은 예전부터 그곳에 있었던 온갖 다양한 야생동물들과 함께 살아가야 할 것이다. 두더지는 정성 들여 가꾼 잔디밭에서 생겨나는 지렁이를 무척이나 좋아한다. 사람들이 집 뒷문 밖에 있는 자연의 야생동물들을 조금이라도 받아들이는 법을 배우기 전까지는, 두더지 사냥꾼들은 계속해서 번창할 것이다.

겉으로 보기에 근사한 정원은 불모의 땅이다. 완벽하고 푸른 잔디밭은 오직 화학 약품의 사용을 통해서만 그렇게 유지된다. 잘 돌보지 않은 잔디밭은 자연히 엄청난 수와 종류의 새와 지렁이와 토종 야생 식물 그리고 각다귀 애벌레, 딱정벌레, 무척추동물의 보금자리가 될 것이다. 세상에는 자신의 정원 안에 살아 있는 생명체가 있는 것을 원치 않는 사람들이 있다. 그들은 지렁이 똥이나 두더지, 잔디를 쪼는 새들이 없도록 자신의 잔디밭에 화학 약품을 뿌려 지렁이들을 죽인다. 그러곤 까치나 어치, 까마귀가 각다귀 애벌레를 잡아먹기 위해 잔디를 파헤치지 않도록, 여름에 각다귀가 생기지 않도록 잔디밭에 화학 약품을 뿌려서 각다귀 애벌레를 죽인다. 봄에는 잔디의 성장을 억제해 자주 깎아주지 않아도 되도록 잔디밭에 약을 뿌리며, 이끼와 잡초를 죽이고 잔디를 더 푸르게 만들기 위한 다른 약품들도 사용한다. 어떤 사람들에게는 심지어 잔디를 깎는 것조차 버거운 일이어서, 그들은 돈을 들여 잔디를 뜯어낸 뒤 그 자리에 뜨거운 여름의 태양빛을 받아 뜨끈해지며 냄새를 풍기는, 세상이 끝날 때까지 없어지지 않을 플라스틱 잔디를 깐다.

한동안 나는 내 구역에서 유일하게 공인된 두더지 사냥꾼이었다. 나는 올해 일을 그만두었지만, 새롭게 연락을 주거나 예전에 함께했던 잠재 고객들로부터 계속해서 전화를 받고 있다. 영국의 두더지 개체 수는 3천만에서 4천만 마리 사이이며, 곡식을 경작하는 농부들이 더 이상 두더지를 잡을 필요가 없어졌기 때문에 그 수가 계속 증가하고 있다는 내용의 글을 최근에 읽은 적이 있다. 정원사들이 내게 전화를 걸어 두더지를 좀 없애달라고 간청하면, 나는 그들에게 은퇴했다고 말한다. 그들이 두더지를 어떻게 하면 좋겠느냐고 물으면, 나는 스스로 처리하는 법을 배우거나 꽃밭을 가꿔보라고 말해준다. 꽃밭이라면 나도 기꺼이 가서 조언을 들려줄 수 있다. 비용은 받고서.

두더지는 죽일 필요가 없다. 유럽두더지는 독일과 오스트리아에서 보호종으로 지정되어 있다. 그곳의 정원사들은 녀석들을 참고 견딘다.

나는 앞으로 두더지잡이를 할 생각이 없다. 비록 그 일이 그동안 내가 사랑해 온 삶, 즉 대단할 것 없는 소소한 삶을 내게 안겨주긴 했지만, 그것은 내가 내 손으로 직접 만들어낸 삶이다. 나는 장인은 아니지만 볼품없고 쓸모없고 달갑지 않은 무언가의 갈라진 틈을, 일본의 도예가처럼 금으로 채워 넣었다. 나는 삶이 무엇인지는 모르지만, 삶이 무엇을 하는지는 안다. 두더지 사냥꾼으로서의 삶은 내가 자연을 나만의 방식대로 더욱 잘 경험하게 해주었고, 그것의 의미에 더 가까이 다가가게 해주었다. 그것은 내가 야생 상태의 자연을, 밖으로 내쫓긴 것이 아닌 소중한 집으로 여길 수 있도록 해주었다. 내게 연료를 공급해주는 공기와, 내게 영양을 공급해 주는 토양과 태양과 비와 직접적으로 연결된 느낌을 가질 수 있게 해주었다. 그것은 나를 탄탄하고 건강하고 평화롭게 만들어주었다. 대지와 연결된 느낌은 이제 내 몸속 모든 세포들의 일부가 되었다. 그러나 나는 쉬어야 한다. 그것은 때로 고립된 삶이었으며, 나는 아웃사이더로 지내면서 내가 지녔던 얼마 안 되는 의사소통의 기술을 대부분 잃어버렸다. 나는 인간들과 함께 있기를 갈망한다. 비록 그들과 어떻게 어울려야 할지를 생각하면 불안해지긴 하지만. 나는 지쳤다. 너무나 쇠약해져 파티에서 남들과 춤을 추지 못하게 될 시점까지는 아마도 10년 정도 남아 있을 것이다. 나는 함께 어울리고 싶다. 그러므로 나에게 이 삶은 이제 끝자락에 와 있으며, 나는 또 다른 삶을 시작할 것이다.

나는 숨겨진 것들을 찾는 데 지쳤다. 진정 중요한 것들은 실은 모두 저곳에, 그냥 가질 수 있게, 땅 위에 놓여 있다. 내가 들고서 가지고 다닐 수 있는 조각들처럼. 숨겨진 것들은 숨겨진 그 자리에 그냥 그대로 남아 있어도 된다. 왜냐하면 그것들의 진실 또한 숨겨져 있으며, 일상의 어떠한 가치로 받아들여지기에는 그 진실이 너무도 모호하고 불가해하기 때문이다.

더는 이름을 영어식으로 바꾸지 않는 웨일스 마을들의

구불구불한 고사리 두둑 옆의 좁은 길을 달리네

검은 하늘과

밴의 앞 유리를 때리는 굵은 진눈깨비

그리고 천둥에 쫓기는 나는

산비탈에 얇게 포장된

이 축축한 검은 타르 위를 질주한다

흥분에 휩싸여 우르릉대고

퍼붓는 빗속에서 노래하는

뇌우를 뚫고서 페기가 있는 집으로

언덕 아래 마을은 유독성 빛을 내뿜으며

저녁의 어둠을 물리치기 시작하고

나는 부연 진눈깨비 속에서

긴장을 풀고 여유를 되찾네

이 고독하고 추운 사냥꾼의 하루는

장작불과 조용한 집과

불길 옆에서 페기와 함께 마시는 술 한 모금으로

완전히 마무리되겠지
문신이 있고 거칠며 텁수룩하고 쇠처럼 단단한 이 손은
오늘 해야 할 일이 하나 남았어
그녀의 부드럽고 움푹 들어간 보송보송한 목덜미를
　　어루만져 줄 일이

우리의 보드랍고 폭신한 보금자리 안에서
인간이라기보다는 한 마리의 쥐며느리로
두꺼운 누비이불 아래 몸을 웅크리고서
나는 고요하네
커튼을 걷고 창문을 열어둔 채로
우리가 밤에 올빼미와 여우 소리를 들을 수 있고
붉은 줄무늬를 띤 시원한 새벽을 맞이하며
잠에서 깨어날 수 있게.

에필로그

또 다른 아침. 햇빛과 굽이치는 바람이 창문에 부딪치고, 산란하는 8센티 두께의 잿빛 안개가 지평선을 펠트처럼 뒤덮는다. 잘못 울린 자동차 경보 장치들이 넘쳐흐르는 배수로 너머로 서로를 부른다. 머그잔에 담은 핫초코로 빗물이 흐르는 유리창에 김을 서리게 하면서, 나는 얼굴을 창문에 갖다 댄다. 고양이가 관심을 끌고자 내 발목에 몸을 부비며 가늘게 운다. 나는 흐릿하지만 밝은 색깔들이 빗속에서 움직이는 모습을 바라보고, 밖으로 나갈 가능성에 대해 따져본다. 어쩌면 나는 그냥 여기 머물며 바라보기만 할지도 모르겠다. 나는 몇 시간이고 며칠이고 바라볼 수 있다. 한 달 뒤면 1년 중 낮이 가장 짧은 날인 동지다. 나는 아마도 뭘 좀 먹어야 할 것 같은데, 그것 말고도 오늘 하루를 어떻게 보내야 할지 생각해 본다. 어쩌면 들판에 나가 산책을 할지도 모르겠다.

한참 후에.

이제는 춥고, 나는 하루 종일 비가 내리는 걸 보고 있었다. 그러는 동안 날이 저물었다. 어둠이 내린다. 바깥의 빛은 희미해져 가고, 방금 전까지 나무들이 보이던 곳에는 이제 그녀가 앉았던 낡은 소파 위로 몇몇 물건이 어질러진 광경이 창문에 비쳐 보인다. 담요, 노트북 컴퓨터, 몇몇 광고 우편물, 바닥에 놓인 차가운 커피잔, 그리고 나 자신. 빛을 밝히기 위해 싸우는 일을 나는 관뒀다. 우리는 왔다가, 다시 간다. 페기는 잠자리에 들었고, 나는 어둠이 내리는 동안 위스키를 마시며 여전히 빗소리를 듣는다. 어둠 속 창문에 묻은 빗방울에 가로등 불빛이 깜박거린다. 그것들은 모두 불꽃이다. 페기는 숨을 깊게 쉬며 기다린다. 창문 밖 소나무에서 보초를 서는 검은지빠귀의 노랫소리가 들려온다. 녀석은 매일 밤마다 빛이 희미해져 갈 즈음 노래를 부르고, 빛이 돌아오기 전인 아침에 다시 노래를 부른다.

나는 의자에서 몸을 일으키지 못한 채, 창가에 앉아 계속 하늘을 바라보고 있다. 하루 종일을 아무 목적 없이, 그저 하얀 하늘만 바라보며 보냈다. 눈을 기다리며, 그리고 눈 위를 맨발로 걸으면 어떤 기분일지 궁금해하며. 나는 스르르 잠이 든다. 한밤중의 세찬 소나기와 휘몰아치는 바람이 나를 깨운다. 치직. 잡음 소리인가? 내가 라디오를 켜두었던가? 희미한 웃음소리인가? 멀리서 도움을 요청하는 목소리인가? 소음은 지나가고 나는 잠을 자러 간다.

육중한 알과 같은 지구가 돌면서 다시 빛을 향하고, 다가오는 하루를 알리는 종소리가 모든 지표면에 울려 퍼지기 시작한다. 그리고 이 작은 나의 침대에서, 나 또한 어둠을 항해하던 느린 밤으로부터 깨어난다. 사람들과 나무들과 건물들의 그림자가 속눈썹처럼 행성을 가로질러 기어가는 동안, 하루가 열리고 빛이 들어온다. 태초의 시간에 있었던 폭발로 생겨난 먼지로 만들어진 존재. 나는 자각한다. 두 눈을 뜬다. 아침이다.

하루하루가 연이어 지나간다. 날씨와 기온과 낮의 길이를 제외하고는 큰 변화 없이. 밤이 짧아진다. 스노드

롭이 피어나고, 이어서 크로커스*가, 그런 뒤에는 수선화가 한가득 피면 봄이 찾아오고 나는 새로이 할 일들을 찾는다. 갑작스럽게, 남아 있는 삶이 여실히 더 짧아짐에 따라, 우리에게는 더 많은 시간이 생겨난다. 나는 존재하는 것들을 내 뜻에 따르게 하려고 애쓰기보다는 그것들이 있는 그대로의 모습을 보이도록 할 수 있을 것이다.

우리는 깨어나지, 서로의 다리와 팔과
머리카락과 턱수염과 나의 무당벌레가
뒤엉킨 둥지에서
우리는 깨어나지, 빛의 끝에서
멀리 굴**이 보이기 시작하는
소중한 날들을 맞이하며

손가락으로 당신의 척추뼈 사이를
하나하나 누르고
아이의 발 같은

* crocuses. 이른 봄에 보라, 노랑, 하양 등의 색으로 꽃을 피우는 식물.
** the tunnel at the end of the light. '길고 힘든 시기가 거의 끝나가고 있다'는 뜻의 관용 표현 'the light at the end of the tunnel'을 비튼 문장.

당신의 둥근 발을 감싸는 동안
당신은 나를 꼭 껴안네
나는 담쟁이덩굴에 뒤덮인 한 그루의 나무

“사랑해”, 당신은 말했지
거기 조용히 누워서
내 손을 당신 다리에 얹은 채

우리는 둘 다 완전히 잠이 깨어 숨 쉬며 귀 기울이고
열린 창문의 닫힌 덧문 사이로
지붕 위의 비둘기가 보이네
저 아래 광장에선 시장이 열리고 있네.

내가 두더지 사냥꾼으로서 보낸 마지막 나날은 이렇게 흘러갔다. 나는 나의 덫을 모두 끄집어냈고, 그것들을 헛간에 둔 가방에 집어넣었으며, 그것들은 계속 거기에 있을 것이다. 나는 그저 바라보기만 하면서 시간을 좀 더 보낼 것이다.

작은 존재들이 무수히 모여 세상을 돌아가게 한다. 장인들, 상인들, 흰색 밴을 타고 다니며 물건을 가져오고 물건을 고쳐주는 사람들. 내 점퍼를 짜주는, 양모를 짜서 내 바지에 사용될 트위드를 만들어주는 공장 사람들. 우리가 먹고 입는 것들을 보살피고 키우는, 좋아하는 마음으로 그 풍경을 돌보는 각각의 남자들과 여자들. 우리를 우리의 자리로 인도하는, 우리가 걷는 걸음들. 작은 것들은, 그 작디작은 상호 작용들은 그 자체로 여행이나 마찬가지다.

그 어떤 것도 완전하지 않고, 그 어떤 것도 완벽하지 않으며, 그 어떤 것도 끝나는 법이 없다. 나는 나와 함께하는 엔트로피를 향한 끊임없는 이끌림에 대해 애정 어린 마음을 키워왔다. 그것은 모든 곳에 있고 모든 것에 있다.

그것들은 순식간에 지나가버리지
이 완성의 순간들
보라! 여기 또 한 순간이 지나가네!

나는 내 삶이
흔들리며 날아간 황금빛 잎이었기를 바라지
더 중요할 것도 덜 중요할 것도 없어
보라! 검은지빠귀가 나무에서 산딸기를 먹는 것을!

떠오르는 태양을 지켜보며

삶은 계속 흘러가네. 그러다 멈추는 순간이 오면

부디 그것을 지켜보기를!

나는 더 이상 숨지 않는다.

서웨일스의 난테오스 맨션Nanteos Mansion에 있는 반려동물 묘지에서 찍은 사진.

감사의 말

내가 이 책을 통해 하고자 했던 바를 온전히 이해해 주고 빠르게 그 가능성을 알아봐 준 나의 에이전트, 캐스키 머신스 에이전시의 몹시 훌륭한 로버트 캐스키에게 감사의 말을 가장 먼저 전한다. 그는 내가 나의 생각을 다른 누군가가 읽고 싶을 수도 있을 무언가로 발전시키는 데 도움을 주었고, 그런 뒤 그와 그의 동료 에이전트들, 스카우트들이 이 책에 긍정적 반응을 보인 전 세계의 몇몇 뛰어난 편집자들을 찾아주었다. 그중에서도 특히 하빌 세커 출판사의 믿을 수 없을 만큼 세심한 엘리자베스 폴리는 원고를 독자들이 손에 들 수 있는 형태로 작업하도록 나를 격려하고 도와주었을 뿐만 아니라 디자인 과정과

일러스트레이터 선정에도 나를 참여시켜 주었다. 이에 깊은 감사를 드린다. 또한 나는 젬마 오세이와 미카엘라 페들로우, 그리고 원고를 읽어주었으며 원고가 어떻게 보이고 어떻게 읽히는지에 대한 의견을 내는 데 관여해 준 여러 에이전시와 출판사의 이름 모를 분들께도 감사의 마음을 전한다. 진심으로 감사드린다.

식탁에 앉아 이 책을 작업하면서 나를 참고 견뎌준 오스카에게, 집중을 방해하는 것들로부터 완전히 떠나 바람이 사방의 벽들을 두들겨대는 가운데 통나무로 불을 때면서 초고를 완성할 수 있도록 시골집에 자리를 마련해준 에리카에게도 특별한 감사를 전해야 마땅할 것이다. 내가 정원에서 시간당 얼마씩 받는 일을 하는 대신에 이 책을 위한 메모를 하거나, 시를 쓰거나, 거미줄이나 낙엽 더미를 바라보며 산만한 시와 같은 모습을 보인 것에 대해 아무 말도 하지 않고 그저 못 본 척해준 사랑스러운 사람들, 그리고 부끄럽게도 책을 마무리하느라 연락을 하지 못했던 사랑스러운 사람들이 있다. 진과 샐, 리스와 수, 마리아, 피터와 웬디, 이자벨라, 데나, 데이비드와 리즈, 모두 다 고마워요.

한국어판 편집부의 말: 《두더지 잡기》에서는 원서의 일러스트 대신 19·20세기의 도감들, 예컨대 《National Encyclopedia》(1881) 《Brockhaus' Konversations-Lexikon》(1908) 《Allgemeine Encyclopädie der Wissenschaften und Künste》(1844) 등에 수록된 드로잉 작품을 사용했습니다.

옮긴이의 말

이 고독한 직업

《두더지 잡기》는 영국의 전직 두더지 사냥꾼이자 정원사, 그리고 무엇보다도 인생의 얼마간을 '홈리스'로 지낸 경험이 있는 시인 마크 헤이머의 첫 책이다. 제목이 말해주듯 두더지와 '두더지 사냥꾼'이라는, 우리에게는 다소 생소한 동물과 직업에 대한 여러 이야기들이 저자의 인생 이야기와 함께 시적이고 관조적인 문체로 펼쳐지는 작품이다.

헤이머는 무려 60세를 넘긴 나이에 쓴 이 첫 책으로 2019년 웨인라이트상 후보에 올랐으며, '정원사의 이야기 A Gardener's Story'라는 부제가 달린 두 번째 책 《씨앗에서 먼지로 Seed to Dust》로 2021년 웨인라이트상 최종 후보에 오르기도 했다. 2023년 봄에는 벌써 세 번째 책《봄비 이야기Tales of Spring Rain》가 출간될 예정이라고 하니, 늦은 나이에 작가가 되었음에도 불구하고 실로 엄청난 기세가 아닐 수 없다. 아니, 늦은 나이에 작가가 되었으니 그만큼 할 말이 더 많을 거라고 보는 편이 당연한 일일까. 어쨌든 그가 이 책들로 헨리 베스톤, 애니 딜러드, 존 루이스스템플, 제임스 리뱅크스 같은 '자연 작가nature writer'들의 계보를 훌륭하게 잇고 있다는 사실만은 분명해 보인다.

사실 자연에 대한 명상적인 시선을 담은 책들은 그동안 숱하게 출간되어 왔다. 하지만 그 자연의 대상이 '두더지'였던 적은, 그리고 그 대상을 바라보는 시선이 '두더지 사냥꾼'의 시선이었던 적은 없는 것 같다. 그런 이유로, 어린 시절을 산과 들에서 보냈으면서도 '두더지'라고 하면 실제 두더지보다 오락실의 '두더지 잡기 게임'이 먼저 떠올라버리는 나로서는, 이 책이 벨벳 천 같은 털로 뒤덮인 한 마리의 두더지처럼 신기하고도 소중하게 느껴진다.

이 책을 읽고 두더지에 대해 처음 알게 된 여러 사실 중 지금까지도 머릿속에 선명히 떠오르는 것은, 바로 두더지가 혼자서 살아가는 동물이라는 사실이다. 두더지는 굴을 파고 적과 싸우거나 먹이를 잡는 일에 이르기까지,

모든 것을 혼자 해결해야만 한다. 책을 읽고 옮기는 내내, 어두운 굴속에서, 앞도 보지 못한 채, 두 앞발을 더듬으며 평생 굴을 파는 두더지 한 마리가 생각났다.

'혼자'의 이미지가 특히 더 기억에 남는 것은, 아마 이 책을 쓴 헤이머 역시 배우자를 만나 정착하기 전까지는 지독한 '혼자'의 삶을 살았기 때문일 것이다. 《두더지 잡기》에서 가장 인상적인 대목 중 하나는 바로 열여섯의 나이에 집에서 쫓겨나다시피 한 뒤 2년에 가까운 시간을 노숙자로 지내며 무작정 걷기만 했을 때의 이야기다. 그는 아직도 그 시절에 대한 악몽을 꾼다고 말한다. 그러면서 "이제는 때 묻은 과거에서 걸어 나올 때가 되었다. 과거는 내 성미에 맞지 않는다. 나는 과거 속에 살지 않는다."라고 힘차게 말하지만, 글쎄, 온몸에 각인된 상처와 두려움이 의지만으로 그리 쉽게 잊힐까. 하지만 돌담에 기대어 하룻밤을 보내며 들었던 거센 빗소리가 "거의 참을 수 없을 만큼 아름다운 동시에 그만큼 참을 수 없이 외롭게 느껴졌다."고 말하는 것으로 봐서, 그 시절은 그에게 삶이라는 신비로운 사건의 정체를 온몸으로 느끼게 해준, 그 무엇과도 바꿀 수 없는 소중한 시간이기도 했을 것이다. 철저히 혼자라는 건 때로 서러운 일이지만, 분명 그것은 철저히 혼자가 아니면 경험할 수 없었을 감정이다.

《두더지 잡기》는 인생의 황혼기에 접어든 특이한 이력의 작가가 쓴 책인 만큼 기억할 만한 문장들로 가득하다. 이를테면, 정원사 초창기 시절에 만났던 몇 두더지 사냥꾼들을 그는 섬세하지 않다는 이유로 잔인하다고 판단했으나, 이제는 자신도 그들과 다를 게 없다고 말하며 쓴 문장. "망치는 손의 형태를 결정짓고, 나는 내가 선택한 삶을 거푸집 삼아 만들어진다." 요즘 우리 손에 늘 들려 있는 것이 무엇인지를 생각하면 어쩐지 섬뜩한 말이지만, 그는 또 이렇게도 말할 줄 아는 사람이다. "나는 이 도구들과 함께 나이를 먹었다. 그것들은 나무와 강철, 돌로 만들어진 수공품이고, 나와 함께 나이를 먹으면서 내 손에 꼭 맞게 되었다. 나는 도구들과 이런 관계를 가진다. 나는 내가 만지는 세상 모든 것들이 나를 똑같이 만져준다고 느낀다." 이런 문장을 읽으며 어떻게 내가 손에 드는 것과 나 자신의 복잡한 관계에 대해 잠시 생각해 보지 않을 수 있을까.

"두더지를 없애려면 녀석들을 죽이는 수밖에 없"고, 그래서 결국 그는 두더지 사냥을 관두었지만, 그래도 그 일을 마냥 저주하진 않는다. 마치 예전의 홈리스 시절이 그랬듯이, 그는 두더지 사냥꾼이라는 고독한 직업을 통해 자신이 누구인지 알게 되었다고 말한다. 많은 것을 언고 또 많은 것을 잃어가면서, 결국 자신의 본성을 이해하게 되었다는 것이다. 그러면서 그는 이렇게 말한다. "어떤 것들은 오직 다른 것들과의 상호 작용을 통해서만 그 모습을 드러낸다. 그 다른 것들 없이는 인간다움 또한 존재할 수 없다." 인간다움 역시 원래 인간에게 주어진 것이 아닌, 다른 것들과의 관계를 통해 만들어지는 인위적인 성질에 불과하다는 말. 역시, 이런 문장을 읽으며 어떻게 나의 '인간다움'을 만들어주는 것은 대체 무엇일지 한참을 생각해 보지 않을 수 있을까.

이처럼 헤이머의 책은 오로지 자연 속에서 홀로 긴 시간을 보낸 사람만이 얻어낼 수 있는 속 깊은 문장들로 가득하다. 나는 그런 문장들을, 마치 두더지가 어두운 지하에서 홀로 자신만의 굴을 파듯이, 때로는 조심스레, 때로는 돌진하듯 힘차게 줄을 그으며 읽었다. 독자 여러분 또한 이 드물고도 귀한 책에서 그런 자신만의 굴을 발견하게 되길 바란다. 그리고 이토록 어렵고 답답한 시절을 지나고 있는 지금에도, "그저 평범하게 존재한다는 사실"에서 "무언가 깊은 장엄함"을 느껴보게 되길.

황유원

옮긴이 황유원

서강대학교 종교학과와 철학과를 졸업했고 동국대학교 대학원 인도철학과 박사 과정을 수료했다. 2013년 《문학동네》 신인상으로 등단해 시인이자 번역가로 활동하고 있다. 시집으로 《세상의 모든 최대화》《이 왕관이 나는 마음에 드네》, 옮긴 책으로 《모비 딕》《시인 X》《슬픔은 날개 달린 것》《래니》《올 댓 맨 이즈》《오 헨리 단편선》《짧은 이야기들》《유리, 아이러니 그리고 신》《밥 딜런: 시가 된 노래들 1961-2012》(공역) 《밤의 해변에서 혼자》《예언자》《소설의 기술》 등이 있다. 김수영 문학상을 수상했다.

두더지 잡기: 노년의 정원사가 자연에서 배운 것들

How to Catch a Mole: And Find Yourself in Nature

지은이	마크 헤이머	발행처	카라칼
옮긴이	황유원	출판 등록	제2019-000004호
		등록 일자	2019년 1월 2일
초판 1쇄	2021년 12월 23일	이메일	listen@caracalpress.com
초판 3쇄	2022년 10월 21일	웹사이트	caracalpress.com
편집	김리슨		
디자인	핑구르르		

Printed in Seoul, South Korea.

ISBN 979-11-91775-01-3 03490